0歳からシニアまで

マルチーズとのしあわせな暮らし方

Wan編集部 編

はじめに

真っ白で小さくってかわいくて、サラサラの毛にうるんだ漆黒の瞳も魅力的。そんなマルチーズは、日本はもちろん世界各地で愛される人気犬種です。犬種としての歴史も長く、ずっと人と一緒に過ごし、人にかわいがられ、人を癒やしてきた「愛玩犬」の代表格でもあります。そんなマルチーズに魅了される人は、今後も日に日に増えていくことでしょう。

この本の特徴は、「0歳からシニアまで」マルチーズの一生をカバーしたものであるということ。飼育書でよくある「これからマルチーズを飼いたい」と思っている人向け、子犬向けの情報だけにとどまらない内容となっています。もちろん、子犬の迎え方や育て方もたっぷりご紹介しているので、マルチーズの初心者さんにもばっちりお役立ち。それにプラスして、成犬になってから役立つマルチーズのためのしつけやトレーニング、保護犬の迎え方、お手入れ、マッサージ、病気のあれこれに、避けては通れないシニア期のケアをご紹介しています。

マルチーズを長く飼っているベテランさんにも、飼い始めて間もない人にも、そしてこれから飼おうかと考えている人にも、マルチーズを愛するすべての人に読んでほしい……。そんな願いを込めて、愛犬雑誌『Wan』編集部が制作した一冊です。

飼い主さんとマルチーズたちが、〝しあわせな暮らし〟を送るお手伝いができれば、これに勝る喜びはありません。

2020年5月

『Wan』編集部

もくじ

PART 1 マルチーズの基礎知識

PART 2 マルチーズの迎え方

PART 3 マルチーズのしつけとトレーニング

PART 4

マルチーズのお手入れとマッサージ

43

PART 5

マルチーズのかかりやすい病気＆栄養・食事

87

※本書は、『Wan』で撮影した写真を主に使用し、掲載記事に加筆・修正して内容を再構成しております。

Part 1
マルチーズの基礎知識

マルチーズは、日本でも根強い人気を誇る犬種ですが、
まだ知られていないことがたくさんあります。
まずはマルチーズという“犬種”について知りましょう！

マルチーズの歴史

**ゴージャスなイメージのマルチーズは、歴史が古く由緒正しい犬種。
日本でも昔から根強い人気を誇ります。**

美しく、賢く、可憐な犬

マルチーズの発祥は、紀元前１５００年ごろまでさかのぼります。フェニキア人が地中海のマルタ島に移住する際、白い巻き毛の小さな犬を一緒に連れて来ました。この犬はもともとカナリア諸島にいて、のちに白い小型のプードルやビション・フリーゼの作出にも大きな役割を果たしたとされる犬だったのです。

この犬と、古くからマルタ島で生息していた小さなスパニエル系の犬が出会い、交雑したことによって独特の愛玩犬が生まれました。この犬がイギリスに渡り、現在のマルチーズの基礎となったとされています。

可憐な見た目のマルチーズは、みるみるうちに貴族や富豪のペットとしての地位を確立していきます。その美しさや賢さをたたえる詩や絵画が多数残され、〝愛玩犬のなかの貴族〟としてヨーロッパ社

交界の注目を集めました。

そのきっかけともいえる作品は、ローマ帝国時代のマルタ島総督・パブリアスが愛犬のマルチーズ『イッサ』(♀)をモデルにして詩人に書かせた詩です。「イッサはカタラス（ローマの叙情詩人）のスズメよりもっとふざけたがる。イッサの口づけはハトよりはるかに清らかである。イッサは乙女よりもやさしく、インドの宝石よりも尊い……」といった風にイッサの美点をうたったもので、古代の著述家たちに大きな影響を与えました。

また、パブリアスはイッサの気品あふれる姿を永遠のものとするため、絵画も描かせました。それがまた古代の芸術家たちを刺激し、マルチーズを画題とした絵画が数多く制作されたといわれています。

マルチーズはさらに、イギリスの女王エリザベスI世に愛されたことがきっかけで世界じゅうの愛犬家のあいだにその名が広まり、1877年にはアメリカのドッグショーでデビュー。そのときの出陳目録には「マルチーズ・ライオン・ドッグ」と記されていたそうです。

日本では、昭和15年ごろに発行された犬の雑誌で「マルチーズ・テリア」という名で紹介されていたと伝えられています。そこでは、マルチーズについて「羽二重《はぶたえ》の単衣のような、瀟洒《しょうしゃ》な打ち掛けを羽織ったような白い犬」と説明されていました。

このような表現がぴったりのマルチーズの魅力は、何と言っても細くしなやかで絹糸のような手ざわりの被毛。アンダーコートのない真っ白なシングルコートは、まさに「シルキーコート」の呼び名にふさわしい優雅さです。

高貴で洗練された外見から、弱々しい印象を持たれることもありますが、決してそんなことはありません。今でこそ室内でおとなしくしているイメージが強いですが、本来は丈夫な体質で動作は機敏、運動神経も発達している活動的な犬種。一見しただけではわからない奥深さを持っているのです。

マルチーズの理想の姿

顔やボディのバランスに加えて、骨格や歩様が健全であること。
それがマルチーズの理想像です。

マルチーズのベストなバランス

マルチーズで大切なのは、健全であること、気質が良いこと、スタンダード（犬種標準／犬種の理想の姿）から外れないことです。

外見的な部分では、愛玩犬なので顔つきが非常に重要です。まず、両目と鼻を結んだ形が正三角形になることが理想。マズル（口吻《こうふん》）が長すぎると二等辺三角形になってしまって、バランスが良くないとされます。さらに、耳は目尻の延長線上、やや低めに位置するのが理想です。コートに覆われると、前から見たときに丸い頭部はとくにかわいいものですが、耳が高いところにあると四角っぽい輪郭となってしまいます。もし愛犬の耳の位置が気になるようなら、低く見えるようなカットをトリマーさんにお願いしてみるのもひとつの方法です。

顔以外で重要なのは、ボディのバランスです。マルチーズには「ロングボディ・ショートバック（長胴短背）」、つまり胴は長く背は短いというバランスが求められます。そのためには、しっぽの位置と形は非常に重要。高い位置に付いているしっぽが大きなカーブで背にふれて保持されていれば、美しいアウトラインを示すことができます。

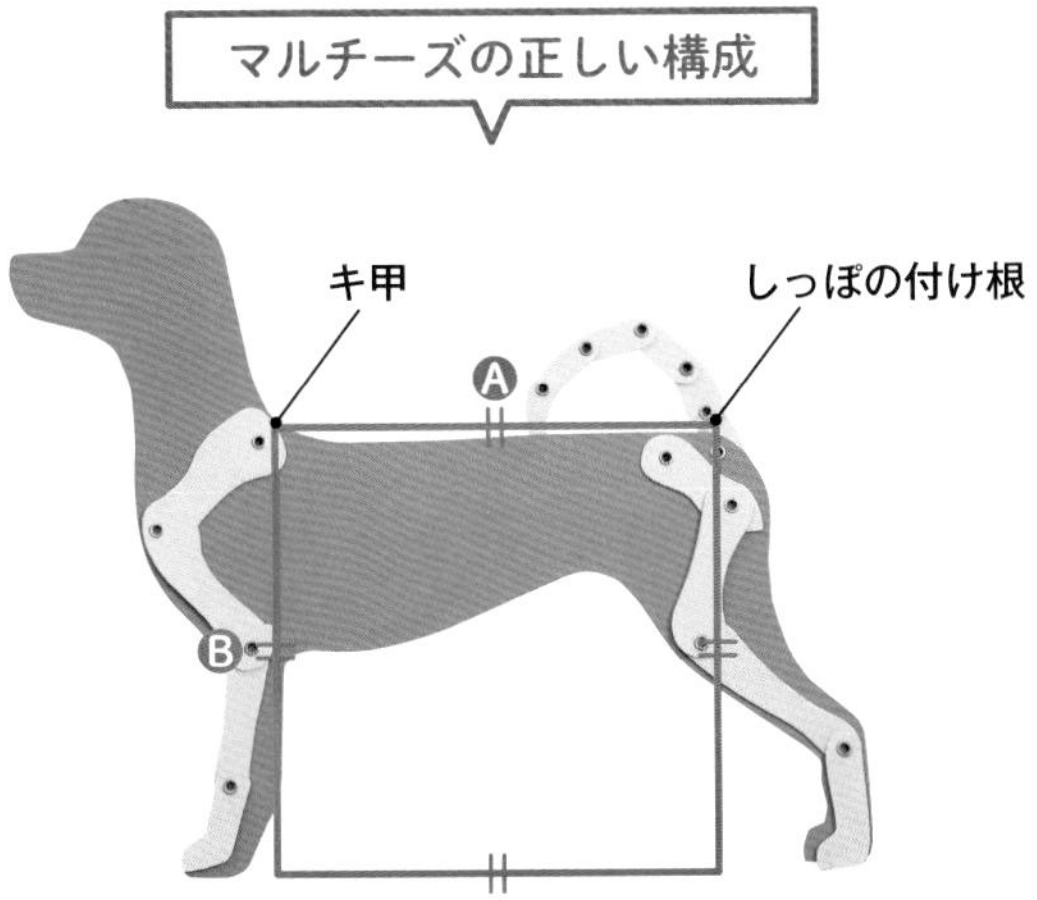

ボディは長く、背は短い「ロングボディ・ショートバック」が理想。

マルチーズの本当の美しさ

ヨーロッパのマルチーズは、アメリカや日本のタイプとは少し雰囲気が異なります。マルチーズのショードッグとしての活躍はアメリカの影響がかなり大きく、日本も多くの犬をアメリカから輸入してブリーディングに使い、現在に至っています。しかし最近気になるのは、骨格構成のためか不自然な動きの犬が見受けられること。マルチーズのような小型愛玩犬は外見の美しさに目が行きがちですが、それだけで審査するものではありません。触審（体をさわって骨格構成や体質などを確認すること）や歩く様子（歩様）をチェックすることもとても大切。ショードッグでも、健全な骨格や歩様による自然な美しい動きを重視すべきといえます。

外見

マルチーズの容姿は、しなやかで
小さくてもがっちりと締まったボディ。
優雅さと機敏さを
兼ね備えています。

耳 垂れ耳で、やや低い位置に付いています。豊富な長い毛で覆われています。

ボディ 背は短く水平。胸はよく発達して、腹部は引き締まっています。

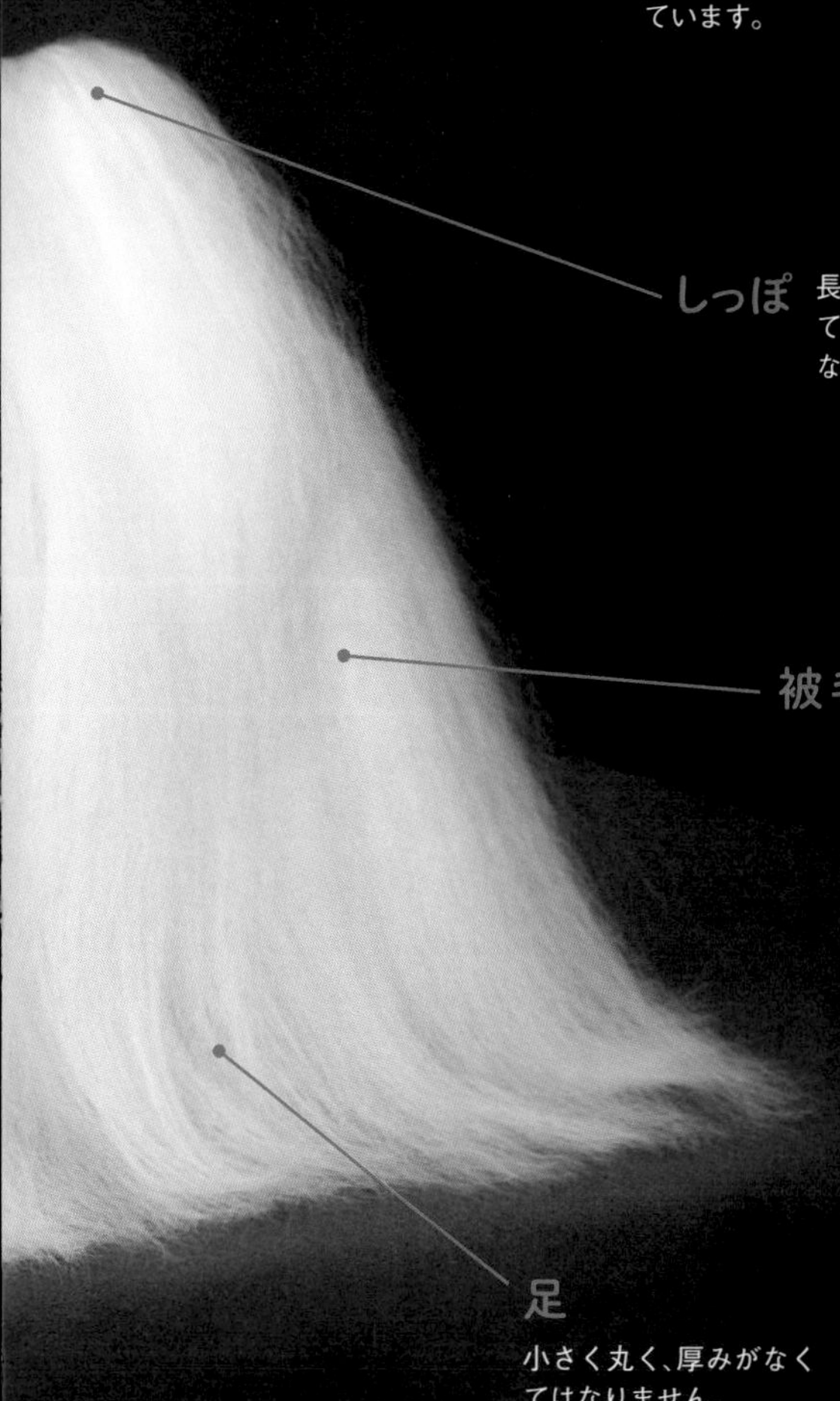

しっぽ 長く豊かな飾り毛に覆われています。背の上で優雅になびきます。

被毛 絹糸状で長くまっすぐな毛が全身を覆っています。アンダーコート（下毛）のないシングルコートです。

足 小さく丸く、厚みがなくてはなりません。

体重：3.2kg以下
（2.5kgを理想とする）

頭
頭頂部はやや丸みを帯びています。両耳のあいだは幅広いのが特徴です。
目
円形に近い卵形。両目は離れすぎず、目の縁は黒いほうが良いとされます。
首
力強く十分な長さで、頭部を高く保持することができます。
毛色
純白。淡いタンやレモン色は許容されますが、望ましくないとされます。

マルチーズの魅力と特徴

愛らしい容姿のマルチーズですが、実際にはどんな特徴の犬種なのか、飼い始める前に頭に入れておきましょう。

マルチーズの魅力とは

　外見がとても愛らしいことが一番の魅力。貴婦人の膝の上で抱っこされていたという歴史を持つ犬なので当然ですが、「真っ白な被毛に真っ黒な目と鼻」というコントラストもチャーミングです。被毛の量は豊かですが、シングルコートなので抜け毛が少ないのが特徴。室内で飼いやすいポイントのひとつとなっています。

どんな性格の犬が多い？

　歴史的に人のそばで生活してきた犬種なので、人のことが大好き。もちろん個体差はありますが、とてもフレンドリーな性格だといわれています。協調性もあるので、多頭飼いにも適しています。どんな環境にも柔軟に対応できる犬種です。

お手入れで心がけるポイント

やはり日々のブラッシングとコーミング（くしでとかすこと）は欠かせません。被毛を長めに伸ばしている犬ならなおさら。毛玉を作らないよう、ていねいにブラッシングしてあげてください。ブラシだけだと表面だけとかしておしまい、ということになりがちなので、仕上げにコーム（くし）を使って中までしっかりとかしましょう。このひと手間をかけることで、毛玉ができにくくなります。

飼い方で気を付けるべき点

あまり問題行動が目立つことがない犬種なので、子犬のころから基本的なしつけをしておけば十分です。ただ、小さくてかわいらしいので、飼い主さんが過剰にかわいがってしまいがち。何事も犬優先となってしまい、「犬に飼われている」ような状態にならないよう気を付けましょう。

マルコラム
1

迎えるなら成犬？ 子犬？

「犬を飼うなら子犬から」という考えがまだまだ一般的ですが、
最近は保護犬などで成犬やシニア犬を
迎える動きも出てきています。

保護犬の里親探しでネックになりがちなのは、犬の年齢。成犬やシニア犬は、「子犬のほうがすぐ慣れてくれて、しつけもしやすそう」という里親希望者に敬遠されることが多いようです。

実際は、成犬やシニア犬が子犬と比べて飼いにくいということはありません。むしろ「成長後はどうなるのか」という不確定要素が少ないぶん、迎える前にイメージしやすいというメリットがあります。とくに保護犬は里親を募集するまで第三者が預かっているため、その犬の性格や健康上の注意点、くせ、好きなことと嫌いなこと（得意なことと不得意なこと）などを事前に教えてもらえるケースがほとんど。里親はそれに応じて心がまえと準備ができるので、スムーズに迎えることができるのです。

もちろん、健康トラブルを抱えた犬や体が衰えてきたシニア犬の場合は治療やケア（介護）が必要になりますし、手間やお金のかかることもあるでしょう。しかし、子犬や若く健康な犬でも突然病気になる可能性があります。老化はどんな犬でも直面する問題。保護団体（行政機関）の担当者や獣医師と相談して、適切なケアを行いながら一緒に過ごす楽しみを見つけましょう。

犬と一緒に暮らすとなると、どの年代でもその犬ならではの難しさと魅力があるものです。選択の幅を広く持ったほうが、“運命の相手”と出会える確率が上がるのではないでしょうか。

年齢を重ねると落ち着いた性格になることが多いので、シニア犬は犬とゆったり過ごしたい人にぴったりです。

Part2
マルチーズの迎え方

いよいよ「マルチーズを迎えたい！」と思ったら……。
迎える先や準備、接し方などをチェックしましょう

Malteseʼs Puppy

生後1～2か月のパピーたち。
目に入るものすべてをオモチャにして、
きょうだいでじゃれ合います。
いっぱい遊んで、いっぱい眠って大きくなってね。

M

マルチーズを迎える前に

**まずは「子犬から迎える」ケースをモデルに、
ポイントを確認します。**

迎える前の心がまえ

マルチーズと
どんな生活がしたいかを
よく考えておきましょう。

マルチーズの特徴（P14〜）を踏まえて、まずは家庭で十分に世話ができるかどうかを検討してみてください。おそらく、いちばん重要なのはお手入れです。月2〜3回のシャンプー、ブラッシングやコーミング（くしで毛玉の有無をチェックして毛の流れを整えること）はできれば毎日、涙やけやよだれやけを防ぐために頻繁に汚れをふき取る必要もあります。そうした日常的なケアができるかどうかシミュレーションしてみて、もし難しければトリミングサロンにこまめに通うなど、ほかの方法も考えましょう。

お手入れ以外では、自分の生活スタイルや飼育環境などの条件、マルチーズを迎えてどんな生活をしたいか、どんな性格が好みか、予算はどの程度かをまとめておくと、ブリーダーやペットショップでの相談がスムーズです。

また、犬との生活で大事なのは、あまり無理をしないことです。とくに子犬のころは何でも犬中心にものを考えてしまいがちですが、犬を優先しすぎて人間の負担になるようではどちらにも良くありません。明るい性格のマルチーズでも、飼い主さんに余裕がないと、その影響を受けてストレスを感じてしまいます。

ブラッシングとコーミングは、マルチーズの美しい被毛をキープするのに欠かせません。

子犬の選び方

どこから、どんな子犬を迎えるかについて慎重に考えましょう。

良いブリーダー（ペットショップ）の条件

- 子犬がふだん生活している場（ブリーダーの犬舎など）を見せてくれる
- 子犬のいる環境が衛生的である
- 子犬が健康で、目やにやオシッコやけなどがない清潔な状態
- 子犬の健康状態や性格、親犬の情報などを教えてくれる

どこから子犬を迎えればいいか

ブリーダーでもペットショップでも、子犬の飼い方など何でも相談に乗ってくれるところを選びましょう。とくに初めての場合は、迎えた後も相談ができると安心。最初にインターネットなどで調べてから、複数のブリーダーやペットショップを直接訪れて見比べながら決めるのがおすすめです。

また、「子犬を大事にしているかどうか」も重要な基準。上の条件を満たしていれば、ある程度信頼できると考えていいでしょう。

どんな子犬を選べばいいか

基本は、飼い主さんの条件や好みに合った子犬かどうかが大事です。ただ、せっかくなら健康でスタンダード（P11）に沿った外見の子犬をおすすめします。

スタンダードというと「何だか難しそう……」と思うかもしれませんが、言い方を変えれば「バランスの良い体（顔）つき」のこと。頭の大きさや足の長さがスタンダードに近いほど、見た目が美しいだけでなく、体を動かすときに犬自身にかかる負担が少なくなります。つまり、スタンダードに近い子犬のほうが、より健全な状態をキープしやすいのです。

マルチーズのスタンダードには「両目と鼻（ブラック・ポイント）の配置が正三角形」といった細かい基準があります。ブリーダーやペットショップの担当者に聞きながら、自分の好みと併せて検討してみてください。

ブラック・ポイントが正三角形に位置していると見た目にもバランスが良く、かわいい顔になります。

子犬が家に来るまで

思い立ってから
子犬を迎えるまでの
モデルケースを紹介します。

※ブリーダーから譲り受けるパターンを取り上げます。ほかの購入ルートでは、一部異なる点があります。

START

情報を収集する

まずは、どんな犬と暮らしたいのか、一緒にどういう生活をしたいのかを整理しましょう。その上でインターネットや雑誌を参考に飼い方や購入ルート（ブリーダー、ペットショップ、保護団体など）についての情報を集め、気になるところにコンタクトを取ってみてください。

犬を見に行く

ブリーダーから購入するメリットは、犬舎を訪問して、子犬だけでなくその親犬も見られること。親犬のサイズや見た目、性格などを参考に、一緒に暮らすイメージを膨らませましょう。

ブリーダーと相談する

迎える子犬を決めるまでに、条件（性別、性格など）や飼育環境についてブリーダーとよく話し合いましょう。「相談する＝そこで購入しなければいけない」わけではないので、必要と感じたら複数のブリーダーを見て回ってもOK！

迎える準備をする

子犬を決めてから家に来るまで間が空くことがあります。そのあいだに、子犬との生活に向けた準備を整えましょう。フードやケージなど最低限必要なもののほか、あったほうがいいものをブリーダーと相談してそろえます（P25）。

GOAL

子犬が家に来る

子犬が来てすぐのころは、あまり刺激せずにしばらくそっとしておきましょう。体調に変化がないかどうかだけ、注意深く見守ってあげてください。

迎えるまでにしておくこと

マルとの生活をスタートするための準備を始めます。

迎える子犬を決めたら、家に来る前に準備をしておきます。とくにブリーダーから迎える場合は子犬を決めてから渡されるまで2~3か月以上かかることもあるので、そのあいだにしっかりと子犬の生活環境を整えてあげましょう。

何が必要かはその子犬やケースごとに異なるので、一度ブリーダー（ペットショップ担当者）に相談すると良いでしょう。最低限必要なものは、サークル・ベッド・食器・フード・トイレ・トイレシートなど。フードは急に変えると体調を崩す恐れがあるので、食べ慣れているものを用意しておきます。トイレシートはその子犬のオシッコが少し付いたものを用意すると、新しい場所でもトイレをしやすくなります。

食器やオモチャなどは、その子犬が慣れ親しんでいるものがあれば一緒に持ってくると、環境の変化による緊張をやわらげられます。最低限そろえておきたいものは、左の通りです。

必要な用品の一例

- □ サークル
- □ ベッド
- □ フード
- □ フードや水を入れる食器
- □ トイレ
- □ トイレシート
- □ キャリー（ケージ）
- □ 毛布、タオル（サークルの中などに敷く）
- □ リードなどの散歩グッズ
- □ オモチャ

ブリーダーやペットショップの店員に、迎えた後に必要となるものや健康管理などについて相談しておきましょう。

子犬が慣れたら、様子を見ながらいろいろな遊びや簡単なコマンドを教えてみましょう。

マルチーズとの暮らし

かわいがるのはOKですが、お互いに無理をしない・させないこと。

子犬との接し方のポイント

迎えたばかりの子犬は環境の変化に戸惑っているので、慎重に接することが必要です。いきなりベタベタさわらずに、慣れるまで待ってあげてください。

慣れてきたら、ブラッシングなどのお手入れやトイレトレーニングに少しずつ挑戦していきましょう。うまくいかないときや子犬の様子に気になる点があるときは、ブリーダーやペットショップの担当者に相談を。信頼できるところであれば、迎えた後でもアフターケアをきちんとしてくれます。子犬を渡すときにも飼い方の注意点や健康管理について説明があるはずなので、それらのアドバイスを守るようにしてください。

マルチーズとの暮らしで気を付けたいこと

マルチーズの子犬は見た目・性格ともにかわいいので、飼い主さんが溺愛しすぎて犬のほうが優位に立ってしまうことがあります。かわいがりながらも、節度のある関係を心がけましょう。

犬のために人が生活スタイルを変えたり、やりたいことを我慢する必要もありません。もともと賢い犬なので、信頼関係を築くことができれば、留守番やペットホテルに預けて旅行することも可能です。お互いに無理をしない・させないことが、マルチーズとの楽しい生活につながります。

適度にリラックスして向き合うことが、心地良い暮らしの秘けつです。

保護犬を迎える

保護団体や行政機関で保護された犬を迎えるのも、選択肢のひとつ。その注意点と具体的な迎え方を紹介します。

保護犬について知る

保護犬の特徴と気を付けたい点を確認します。

保護犬とは一般的に、何らかの事情でもとの飼い主と離れて動物保護団体（民間ボランティア）や動物愛護センター（行政機関）に保護された犬を指します。保護犬には、健康上のトラブルを抱えていたり、警戒心が強い犬もいます。そのため、一度新しい飼い主（里親）が見つかってもうまくいかず、なかには保護団体に戻ってくるケースもあるようです。

そのようなミスマッチを防ぐためにも、各団体で定めているガイドラインに沿って慎重に里親希望者との話し合いを進めています。多くの団体では、事前に、里親希望者のライフスタイルや保護犬を飼う態勢についてヒヤリング。その結果、飼育が難しいと判断したときは断わったり、当初の希望と別の犬をすすめることもあります。また、病気のケアやシニア期に介護ができるかどうかも重要です。

里親希望者には、保護犬の健康状態を伝えた上で、今後トラブルがある可能性についても説明。その後譲渡へ進みます。保護犬に限らず、犬を飼うということは何が起こるかわからないためです。「5年後10年後まで、犬にも飼い主さんにも幸せに過ごしてほしい」というのが保護活動を行っている団体の多くが持つ思いなのです。

保護犬との生活で大事なのは、「かわいそう」ではなく「この犬と暮らしたい」と思って迎えること。あまりかまえずに、迎える犬を探すときの選択肢のひとつとして検討してみましょう。

保護犬には成犬が多いので、性質や特徴を子犬より把握しやすいというメリットがあります。

保護犬の迎え方

保護犬を迎えるための
基本の流れを
チェックしましょう。

※各段階の名称や内容は一例です。保護団体や動物愛護センターによって異なりますので、申し込む前に確認しましょう。

申し込み

保護団体や動物愛護センターで公開されている保護犬の情報を確認し、里親希望の申し込みをします。最近は、ホームページを見てメールで連絡するシステムが多いようです。

どこに
どの犬種がいるかは
タイミングで
変わるので、
まずはマルチーズの
いるところを
探しましょう

審査・お見合い

メールなどでのやりとりを通じて飼育条件や経験を共有し、問題がなければ実際に保護犬に会って相性を確かめます。

譲渡会など
保護犬とふれ合える
イベントも定期的に
開催されているので、
その機会に
お見合いをするのも
おすすめ

トライアル

お見合いで相性が良さそうだったら、数日間～数週間のあいだ試しに一緒に暮らしてみて、お互いの生活に支障がないかを確認します。

期間は
保護犬の状態に
応じて
変わることも

契約・正式譲渡

トライアルを経て改めて里親希望者・団体の両方で検討し、迎えることを決めたら正式に譲渡の契約を結んで自宅に迎えます。

保護犬を迎えるまで

里親希望者が
気を付けたいポイントは
次の通りです。

申し込み

里親の希望を出す前に、犬を飼った経験や飼育条件（生活環境や家族構成など）をまとめておきましょう。必ず担当者から聞かれるはずです。時には経済状況や生活スタイルの細かい点まで質問されることがありますが、里親と保護犬の快適な生活のために必要なことですので、できる限り対応してください。

また、人気のある保護犬だと複数の里親希望者が名乗り出ることがあります。そのときは団体（行政機関）側が希望者の飼育条件をもとに最も適した人を選びますが、選ばれなくてもあまり気にせず「ほかにもっとぴったりの犬がいる」と思うようにしましょう。

最初の希望とは別の保護犬をすすめられることもあるかもしれませんが、それは団体や行政側が条件などを考慮した上で「この人（家庭）ならこの犬のほうが良さそう」と判断されたということ。「つねに家に人がいるなら留守番が苦手な犬でも大丈夫なのでは」などの理由があっての提案なので、柔軟に検討を。

保護犬との相性

飼育条件の確認で問題がなければ、対象の保護犬と直接会って相性を見る段階（お見合い）に移ります。その犬を預かって世話をしている預かりボランティア宅を訪問する場合もあれば、保護団体が開催する譲渡会（里親募集中の保護犬とふれ合えるイベント。主に里親探しと保護活動に関する啓発のために行う）で対面を果たす場合もあります。

初対面では保護犬は警戒していることが多く、すぐには近寄ってこないかもしれません。そういうときは無理をせず、犬のほうから近付いてくるのを待ちましょう。また、預かりボランティアや担当のスタッフから、その犬のふだんの過ごし方や病気・ケガの回復状況、飼うときの注意点などを直接聞いてみてください。

面会では、スタッフのアドバイスに従って接するようにしましょう。無理をすると、犬に負担をかけてしまいます

保護犬を迎えてから

保護犬ならではの
注意点に配慮して、
できることを少しずつ
広げていきましょう。

保護犬との生活

どんな人がどの犬と相性が良いかは状況によって異なりますが、犬種の特性によってある程度見当をつけることができます。たとえばマルチーズなら、小型犬で比較的飼いやすいといわれていますが、定期的なブラッシングや涙やけのケアが必要なため、お手入れを楽しめるような人に向いているそうです。

犬は本来適応力が高く、保護犬でもすぐ新しい環境になじむケースが少なくありません。ただ、スムーズな新生活のスタートには飼い主側の態勢や接し方が重要。ブリーダーやペットショップから迎える場合と同じように、犬の様子を見ながら対応することが大事です。マルチーズは基本的に人懐こい性格の犬が多いものの、それまでの経験から人と距離を置いていることもあります。無理のない範囲で少しずつ距離を縮めていきましょう。

新しい環境に置かれた犬はまず、危険がないか周囲を観察します。そのあいだは手を出さず、食事やトイレなど最低限の世話だけして、犬が環境に慣れて自然と寄ってくるまで放っておくようにします。どれくらいの期間で慣れるかは犬によりますが、犬自身のペースに合わせることで信頼関係が生まれます。

もし健康管理やしつけなどで壁にぶつかったら、もといた保護団体や動物愛護センターに相談することも可能です。多くの団体や行政機関では、譲渡後の相談を受け付けています。その保護犬を世話していた担当者やほかの里親さんがアドバイスしてくれるはずなので、協力をあおぎましょう。保護犬には、複雑な事情を抱えている犬もいます。幸せにするには、周りの人と協力して犬と向き合うことがカギになります。

スタッフが保護犬と遊びながら人に慣らしたり、犬同士で交流できるシェルターを所有している保護団体もあります。

Part3

マルチーズのしつけとトレーニング

かわいがるだけでなく、節度のある関係を築くのが理想的。飼い主さんと愛犬がお互い気持ち良く過ごすため、基本のしつけやトレーニングを行いましょう

基本のトレーニング

**飼い主さんと愛犬がお互い気持ち良く過ごすための
マナーを身に着けましょう。**

アイコンタクト

犬を集中させる
「アイコンタクト」は
トレーニングの第一歩です。

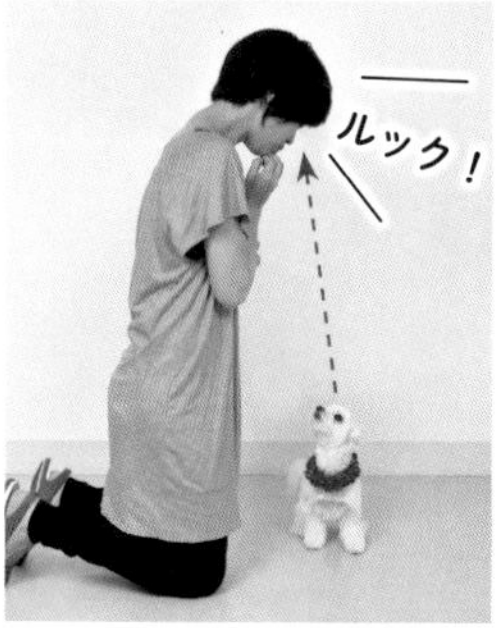

1

犬におやつのニオイを嗅《か》がせてから飼い主さんの顔の近くに持っていき、「ルック」などの指示（コマンド）を出します。犬と目が合ったら、ほめておやつを与えます。

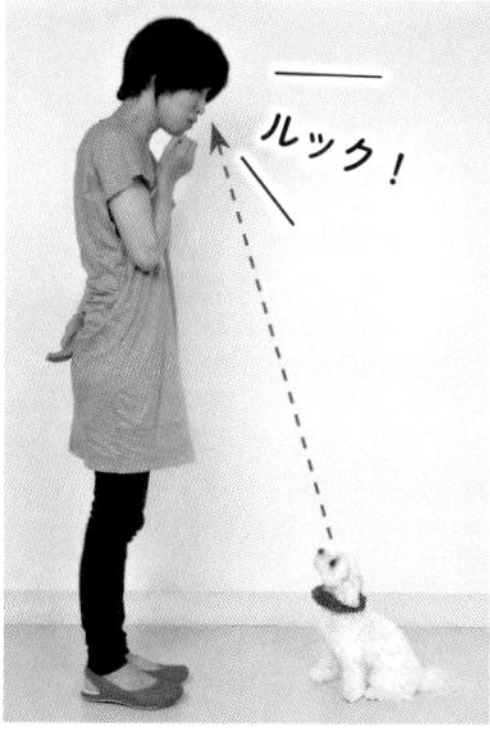

2

慣れてきたら、飼い主さんが立った状態で練習を。最終的には、おやつを持たずにコマンドだけで目を合わせられるようにします。

memo

コマンドは、犬がわかりやすいシンプルな言葉なら何でもOK。

ほかの人にあいさつする

他人を極度に
怖がらせないための
トレーニングです。

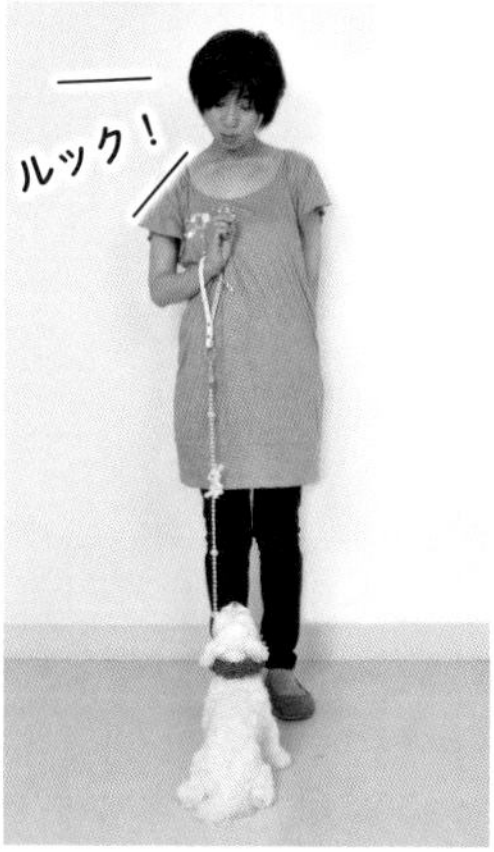

1

まず、リードを持った状態で犬とアイコンタクトをとります。

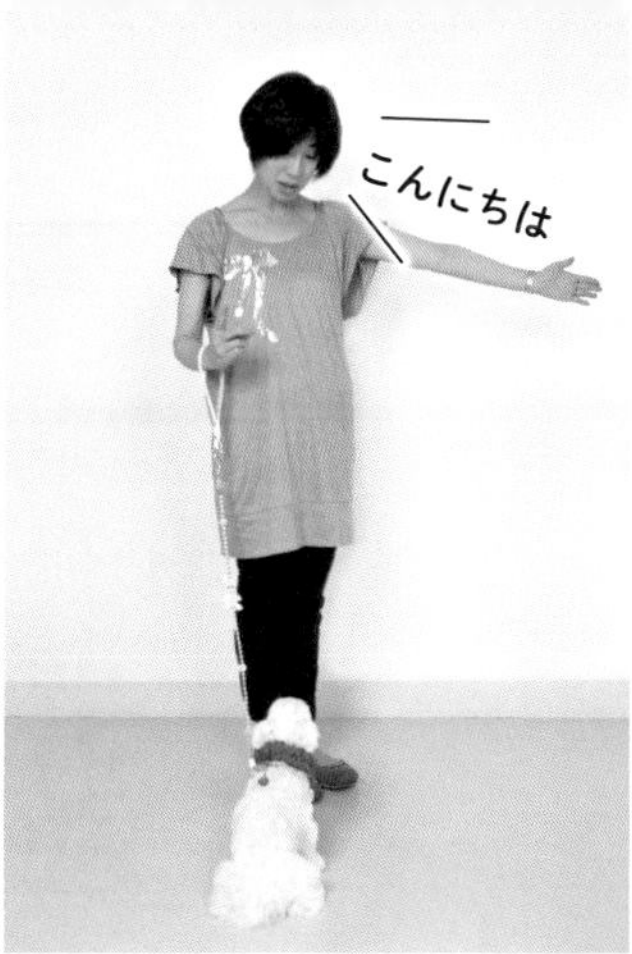
こんにちは

2 あいさつをしたい人（以下Ⓐ）がいる方向を手で示して、「こんにちは」などのコマンドをかけます。

犬が
ほかの方向に
行ったら
もう一度Ⓐを
指し示します
Ⓐ

3 犬が自分からⒶに近付いて、ニオイを嗅ぐのを待ちます。Ⓐは、嗅ぎやすいように手をゆっくり前に出して待ちます。

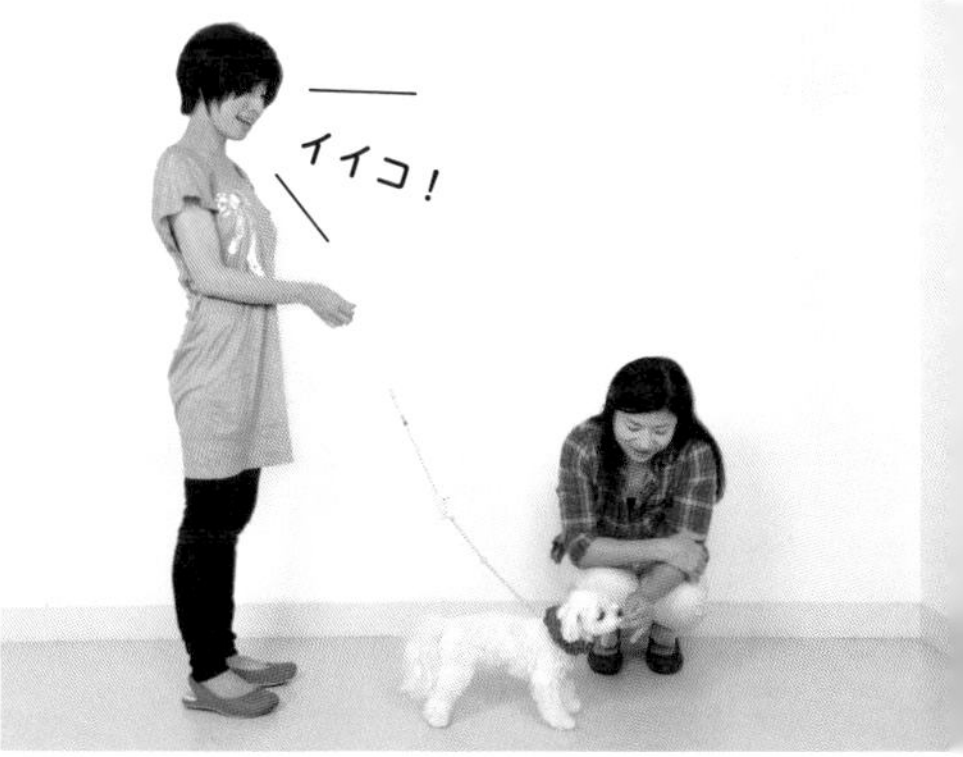
イイコ！

4 犬がⒶのニオイを嗅ぐことができたらほめて、Ⓐがおやつを与えます。これを繰り返して、コマンドだけであいさつできるようにしましょう。

NG

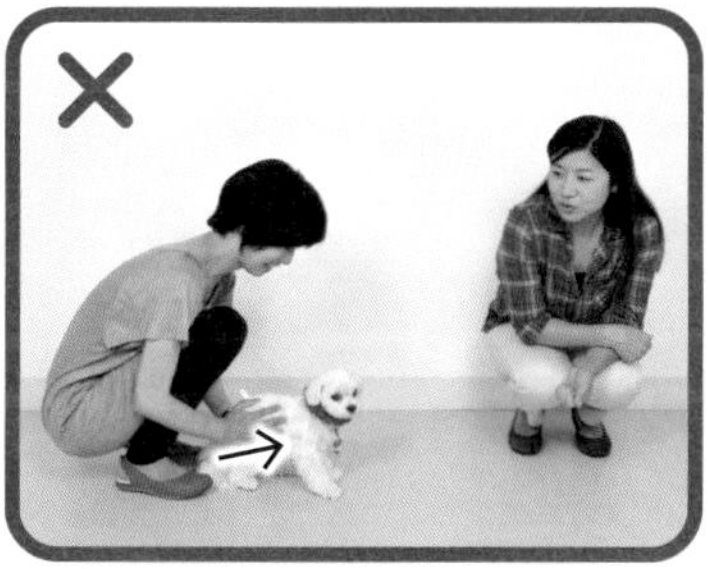
×

×

無理に犬を押したり引っ張ったりするのは×。Ⓐも自分から犬にはさわらずに、犬のほうから来るのを待つようにしましょう。

memo

飼い主さん以外の人ともスムーズにコミュニケーションをとることは犬の自信につながり、ストレスを感じにくくなります。

カフェマナー

ドッグカフェなど、
公共の場でのマナーも
必須です。

飼い主さんがワンコのことを気にしてばかりいると、犬も落ち着かなくなります。何か起きたらすぐ対処できるようにした上で、適度に距離を置くことも大切です。

まずは飼い主さんがリラックスしましょう。その様子が犬に伝われば、安心して落ち着きやすくなります。

リードを足で踏んで両手を空けておきます。リードの長さは、犬がカフェマットの上で座ったり伏せたりできるように調節しましょう。

1

飼い主さんの足元にカフェマットを敷いて犬をその上に移動させ、適度な長さでリードを踏んで固定します。

2

アイコンタクトをとってから、「マテ」や「ステイ」などのコマンドを出します。

3

コマンドを出したらすぐ視線を外して、犬が自分からオスワリかフセの体勢になるのを待ちます。

4

オスワリかフセの体勢になったら、すぐほめます。これを何度か繰り返すことで、落ち着いて過ごせるようになります。

5

犬が吠えるときは「ストップ」などのコマンドを出して、それが望ましくない行動であることを伝えます。犬が落ち着いてから、改めて「マテ」をさせます。

memo

「ストップ」など、犬を制止するコマンドはふだんから教えておきましょう。

カフェでのNG行動

1 愛犬の吠えなどにすぐ反応する

犬が吠えたり暴れたりしたときにすぐ反応すると、「こうすればかまってくれる」と勘違いしてしまうことも。周囲の迷惑にならないよう注意しながら、静かになったタイミングでほめるなどして徐々に学習させましょう。

「落ち着いていたら
ほめてもらえる」
と教えるのが大事！
それさえ理解できれば、
飼い主さんが席を立っても
戻ってくるまで
静かに待って
いられるように
なります

2 人間用の食べものや食器にふれさせる

ワンコの入店がOKのカフェでも、人間用の食べものを犬に与えたり、食器にふれさせたりするのはマナー違反。飼い主さんが“おすそ分け”をしないようにするのはもちろん、犬の足や口が届かないよう、つねに気を配りましょう。

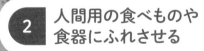

マルチーズの行動学

噛む、吠えるなどの“問題行動”。行動学の見地から、愛犬と良い関係を築いて解決する方法を考えます。

問題行動の理由

犬を集中させる「アイコンタクト」はトレーニングの第一歩です。

どんな犬も、理由なく吠えたり噛んだりすることはありません。なかでもマルチーズは本来攻撃的な性質ではないため、そうした行動を見せるときは何か理由があるはず。そのときの状況や愛犬の性質を考慮して、原因を見つけてあげましょう。

たとえば「吠え」では、未知のものへの警戒心や恐怖、または飼い主さんに何かを要求しているなど、さまざまな理由が考えられます。とくに小型犬は、恐怖が引き金で攻撃行動に向かいがち（恐怖性攻撃行動）。体が小さいぶん身の危険を感じることも多く、自分を守るためにほかの犬や人を威嚇《いかく》しているわけです。

飼い主さんとしては怖がっている対象からすぐにでも離してあげたくなるところですが、そこでぐっと我慢して「怖くないよ」と教えてあげましょう。いろいろな経験をすることであまり動じなくなり、本犬も生きやすくなるはずです。愛犬の行動で困ることがあれば、まずは「なぜそんな行動をするのか」を考え、可能な限りその原因を取りのぞいてあげてください。犬の性質や環境によって問題行動の原因は異なるので、悩んだときはドッグトレーナーに相談してみましょう。

ドアホンの音で吠える

警戒している理由を考えて対応することが、解決のカギです。

解説

犬がドアホンの音に反応するのは、これまでの経験から「この音がする＝人が来る」と覚えているから。なかには人が大好きでドアホンの音に喜ぶ犬もいますが、多くは自分のなわばりに知らない人が入って来るのを嫌がるものです。

しかし、そのたびに吠えていると近所迷惑な上に犬自身も疲れてしまうので、「なわばりが荒らされるわけではないから今は警戒しなくていい」ということを教えてあげましょう。

犬がリラックスしているか警戒しているかは、おやつ（フード）を食べるかどうかが目安になります。いつもなら喜んで食べるおやつを食べないときは、何か（ここでは来客）を警戒している状態と思っていいでしょう。警戒しているときは、次の2パターンの対処法で慣らします。

対処法

① おやつを与えて気をそらす&ドアホンに良いイメージをつける

② ドアホンが鳴ると同時にクレートに入れ、動きを止めて落ち着かせる

警戒しているか確かめる

1 いつも食べているおやつを犬の顔の前に差し出します。

2 手からおやつを食べられるようなら、「平常心」の範囲内。本気で警戒していると食べません。

3 怖がりで平常時でも手から食べない犬は、おやつを床（地面）に置いて与えるところから慣らしましょう。

4 お散歩中に急に犬が動きを止めるのは、物音やニオイを感じて警戒しているということ。無理に動かそうとせず、しばらく好きにさせましょう。

ドアホンの音を録音しておくと、1人でも練習できます

ドアホンが鳴ったとき①

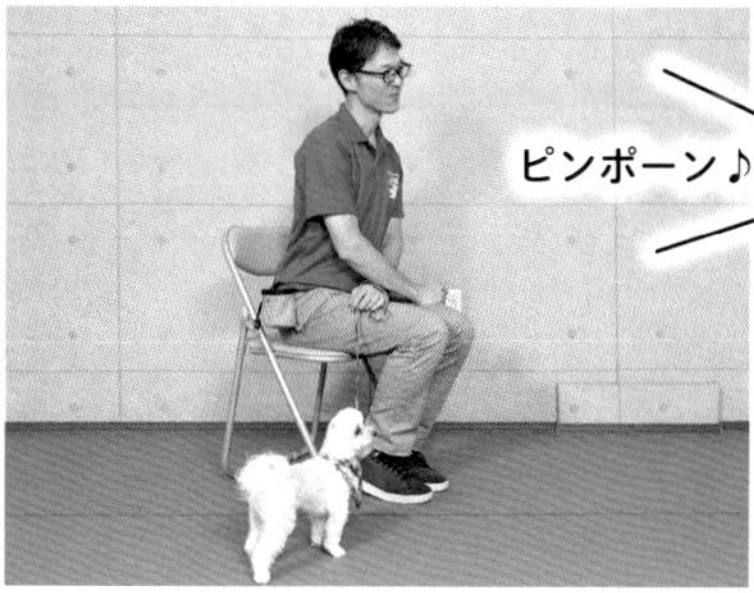

1 犬と一緒にいるときに、ほかの人にドアホンを鳴らしてもらいます。

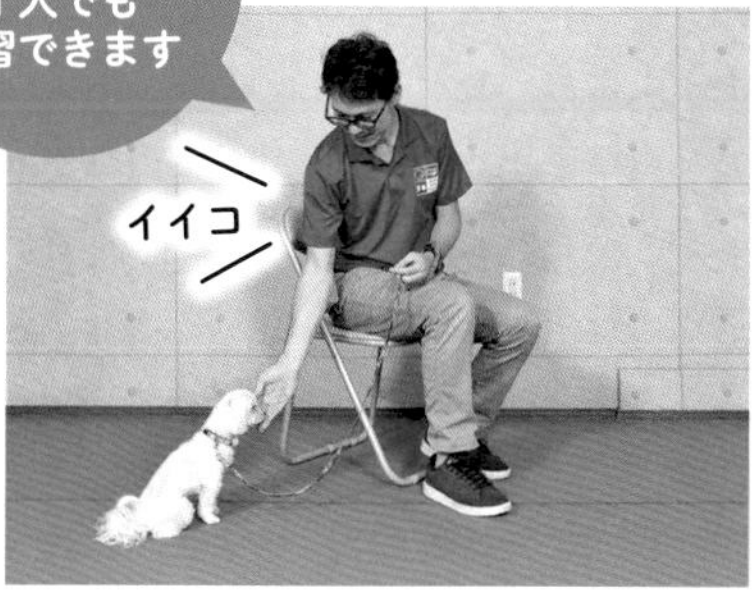

2 犬が吠える前にすばやくおやつを与え、吠えずにいられたらほめましょう。これを繰り返して慣らします。

ドアホンが鳴ったとき②

1 そばにクレートを置いた状態で、ほかの人にドアホンを鳴らしてもらいます。

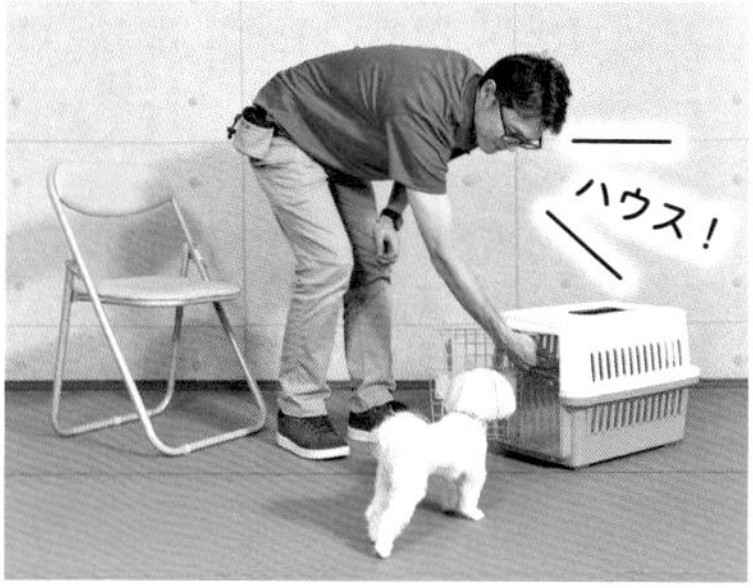

2 犬が吠える前に「ハウス」と声をかけ、おやつを見せてクレートまで誘導します。

3 おやつをクレートの中に投げ入れ、犬が自分から中に入るようにします。

無理やり入れたり、嫌がっているのを閉じ込めるのは×

4 入ったら扉を閉め、しばらく時間を置いてから出します。入れる時間は徐々に長くしていきましょう。

さわられるのを嫌がる

スキンシップや
お手入れの際に
体をさわれるようになると、
お互い気持ちが
楽になるはず。

解説

マルチーズのような小型犬にとって、自分より体が大きな犬や人間に本能的な恐怖を抱くのは自然なこと。とくに相手が近付いてきたり手を伸ばしてくると、危険を感じて噛む、うなるといった攻撃的な行動に出てしまうこともあります。

　そんな反応をされるのはショックかもしれませんが、犬の気持ちに配慮してあげてください。Ｐ38の方法で警戒しているかどうかを確かめ、なるべく落ち着いた状態で怖がらせない接し方を探りましょう。上から手を近付けたり、大きな声を出したりするのは控えたほうが良いでしょう。初めて会う人に慣らすときも、無理に近付かないようお願いしてください。

　また、マルチーズはブラッシングなどのお手入れを自宅で行うことも多いはず。そこで毛を強く引っ張るなどして痛い思いをさせると、一度でお手入れ嫌いになってしまうので要注意。いったん「被毛にさわられる＝痛い」と思わせてしまうと悪いイメージを覆すのが難しいため、ていねいな扱いを心がけましょう。

愛犬が
嫌がらない
接し方を心がけて、
受け入れて
くれるのを気長に
待ちましょう

memo

人や犬に視線を向けたまま体を小さくする、伏せるなどの動作は、相手を怖がっているサイン。おなかを見せるのも、甘えではなく「降参」を表している場合があります。怖がっているようなら、落ち着くまで待ちましょう。

愛犬の様子をチェック

たとえ飼い主さんでも、上から手を出されると身の危険を感じてとっさに噛みつくことも。犬から寄ってくるのを待つなど、怖がらせないよう工夫を。

他人や犬を怖がる

家族以外の人や犬に
恐怖心を持ち続けると、
犬にとって
ストレスになって
しまいます。

解説

人や犬との交流を好むかどうかはその犬の性格によるので、無理して「誰とでも仲良く」を目指す必要はありません。マルチーズのような小型犬は、大きな犬に対して本能的な恐怖を感じる傾向があります。「友達を作ってあげたい」と思っても、相手とのサイズの差や相性をよく考慮しないと愛犬に負担をかけてしまうかもしれないので気を付けましょう。

ただ、家族以外の人やほかの犬とほとんど接しないというのも考えものです。慣れていないと、お散歩や動物病院などで人や犬が近くにいるだけでストレスを感じてしまいます。あいさつをしたり一緒に遊んだりするわけでなくても、近くにいても平気で過ごせるようにしておいたほうが愛犬のためになります。

お散歩中に人とすれ違うときは、おやつを与えたり名前を呼んで愛犬の気を引きます。ほかの犬に慣らすときはお互いにリードを持った状態で、おやつを食べられる程度（P38）に落ち着いて過ごせる距離からスタート。「同じ空間にいても平気」と思わせましょう。

ほかの人に慣れさせたいとき、自分が愛犬を抱っこした状態で相手にさわってもらおうとする飼い主さんは少なくありません。しかし、警戒心の強い犬は、飼い主さんに守られた状態だとより他人への警戒が強まって、攻撃的な行動をしやすくなってしまうので要注意です。

散歩中に人とすれ違う

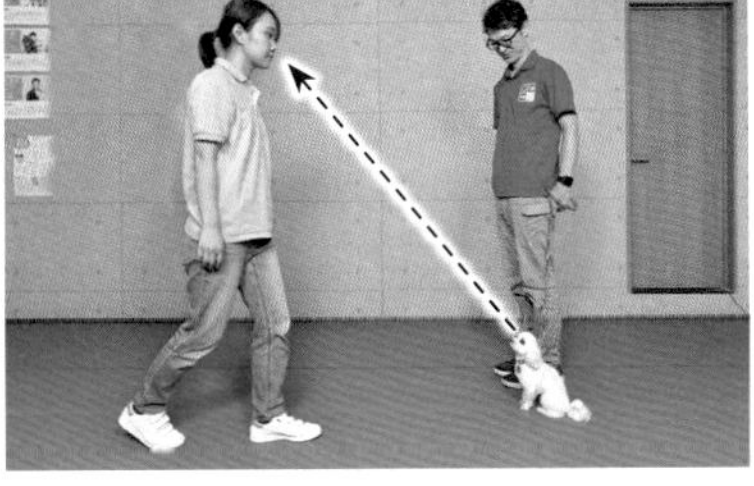

1 人が近くに来たら、犬の様子をチェック。相手をじっと見ているようなら警戒しています。

2 名前を呼びながらおやつを与えて犬の注意をそらし、そのすきに相手の人とすれ違うようにします。

memo

無理をさせるのは禁物ですが、人間社会で暮らす上ではストレスから遠ざけるだけでなく、乗り越えるチャンスを与えることも重要です。

警戒しているからといって、すぐ抱き上げて相手から離すのは×。慣れる機会を失って「知らない人＝怖い」という意識が変わりません。

ほかの犬と過ごす

1 ほかの犬に慣らすときは、犬が警戒しすぎない程度の距離を保つだけでOK。同じ空間で時間を過ごすことで、「ほかの犬がいても怖くないんだ」と思わせることが重要です。

2 慣れてきたら少しずつ距離を近くしていきます。犬の様子をよく見て、嫌がっているようならすぐに離れましょう。

犬同士のあいさつは、お互いに嫌がっていないことが大前提。犬が嫌がっているのに無理にさせようとするのはやめましょう。

犬同士の慣らし方 POINT

- □ 飼い主さんが必ずリードを持つ
- □ 飼い主さんが犬のそばにいて、異変があったらすぐに対処できる
- □ 犬が警戒しすぎていない（おやつを食べられる程度）
- □ 何かあったとき、すぐに相手から離れられるスペースの余裕がある

Part4

マルチーズのお手入れとマッサージ

シルキーコートと呼ばれる繊細な被毛を持つ
マルチーズは、日々のお手入れが欠かせません。
お悩みに合ったマッサージも取り入れて、
健康維持に役立てましょう

お手入れの基本

マルチーズらしい被毛の輝きをキープするための第一歩として、お手入れの基本を学んでおきましょう。

お手入れが必要な理由

美しさを保つだけでなく健康維持にも役立ちます。

マルチーズは本来、サラサラ&つやつやの長い毛を楽しむ犬種。でも、ペットとして一緒に暮らす犬は、暮らしやすさを重視してショートカット〜やや長めくらいのスタイルにしている子がほとんどです。毛の長さにかかわらず、白く輝く美しさを保つためにはお手入れが必要不可欠。抜け毛は少ないのですが、繊細な毛がからみやすいので、毎日ブラッシングを。涙やけを防ぐため、目元のケアもこまめに行いましょう。毛に付いた汚れや水分をそのままにしておくのはNG。雑菌が繁殖し、毛の変色や皮膚トラブルの原因になることがあるからです。

　トリミングの際、お尻周りなどの汚れやすいところに加え、脇や内股など毛がもつれやすいところも短めにカットしてもらうと、家でのお手入れがしやすくなります。

いつでもきれいに
おめかししていたいの。
一緒に
がんばりましょう!

お手入れの基本

ていねいな作業を心がけ、愛犬に負担をかけないようにしましょう。

1 やさしく接する

明るいけれど繊細で、でもちょっぴり勝気なところがあるマルチーズ。嫌がることを無理強いすると、イヤイヤがエスカレートすることも。つねにやさしく接しましょう。

2 お手入れは高いところで

床の上では動き回ってしまうので、しっかりお手入れするのは難しいもの。お手入れの際は、安全を確認した上で、いすの上などワンコが飛び降りられない高さのところに乗せましょう。

3 ブラッシングは毎日!

美しさを保つためには、手抜きは禁物！　ブラッシングは朝・晩の2回、毎日行うのが基本です。毛の長さに合ったブラシ＆コームで、ていねいに行ってください。

4 涙やけ対策をしっかりと

涙やけ予防の基本は、涙をこまめにふくこと。症状がひどい場合は獣医師に相談してみましょう。体質だけでなく、逆さまつ毛や目の病気が原因となっていることもあります。

5 冬は静電気に注意

乾燥する季節は静電気で毛が切れやすくなったり、ホコリが付いたりします。ブラッシングのときは、静電気を防止するブラッシングスプレーなどを使ってみましょう。

体の支え方&動かし方

**犬の体に負担をかけない支え方と
動かし方を心がけましょう。**

1 前足へのタッチはそっとやさしく

多くのワンコが、前足にさわられるのを嫌がるもの。逆効果なので、無理強いは禁物です。

注意するポイント

なるべく負担やストレスを与えないように。

2 足は横に上げないこと

犬の足の関節は、前後に動く構造になっています。足を外側へ開くように上げてはいけません。

3 足の上げすぎにも注意

前足を前、後ろ足を後ろへ上げるときも、あまり持ち上げすぎないようにしましょう。

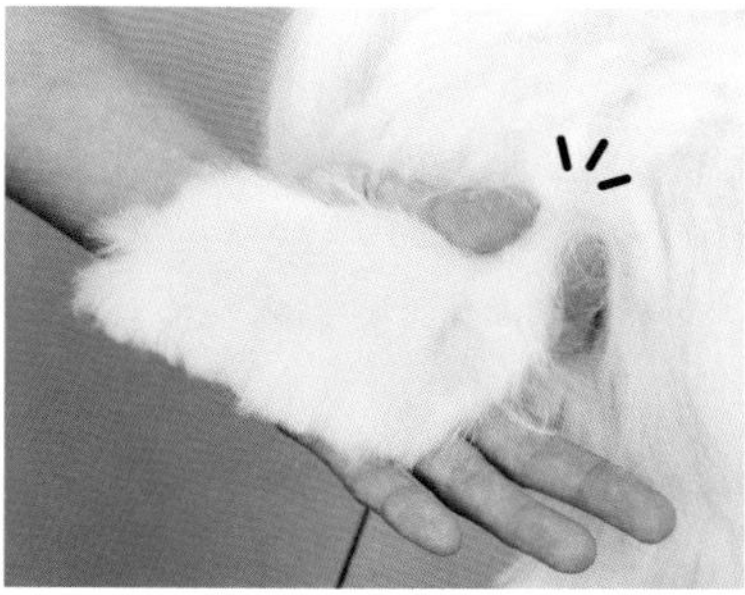

肘の関節より少し上を、親指と人さし指で軽く挟みます。足を引っ込められなくなるため、前に伸ばした状態を保てます。

足を前へ上げ、肘より先に手を添えて下からそっと支えます。

太ももの外側をとかす

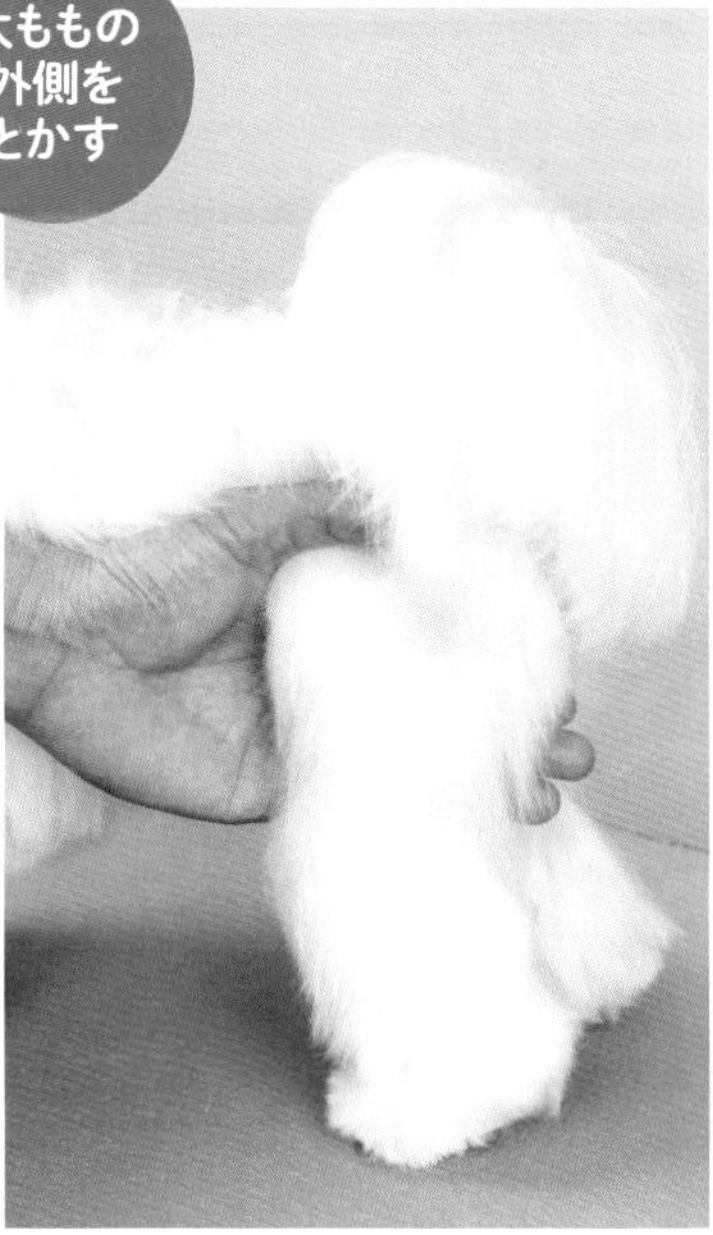

親指以外の4本の指を後ろ足の太ももの内側から添えます

顔を支える

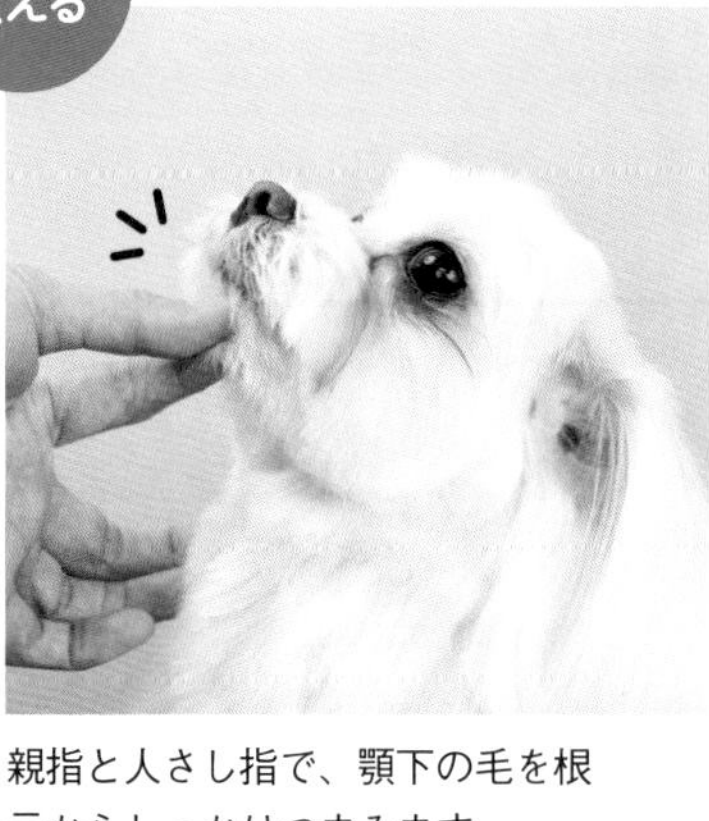

親指と人さし指で、顎下の毛を根元からしっかりつまみます。

後ろ足を上げる

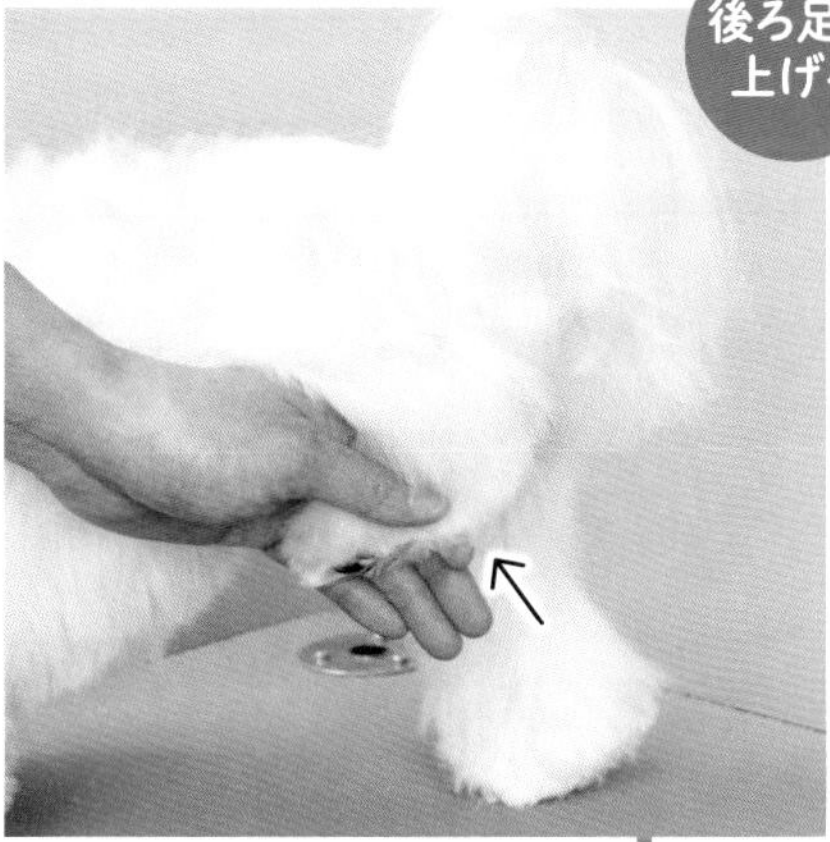

足の下のほうを軽く持ち、足を真上に持ち上げます。

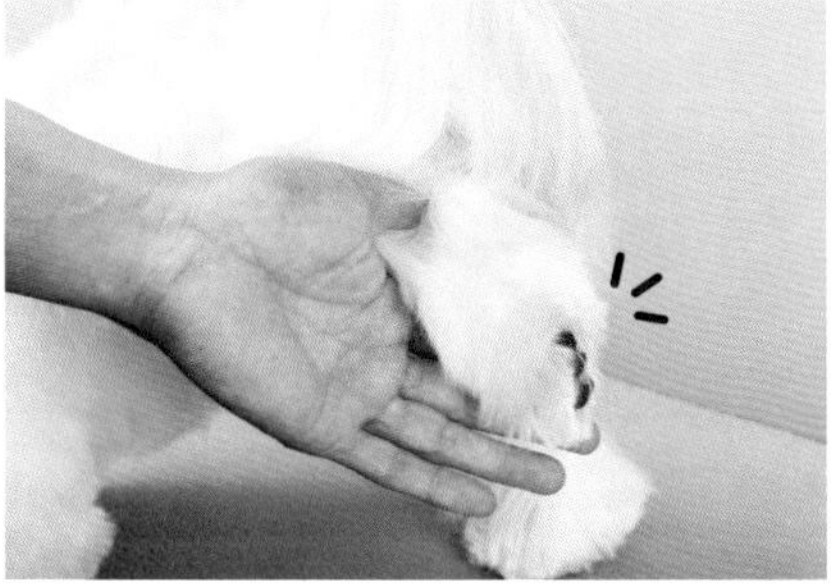

犬の後ろから作業したいときは、足の裏を後ろへ向けるように、関節の曲げ具合を調節します。

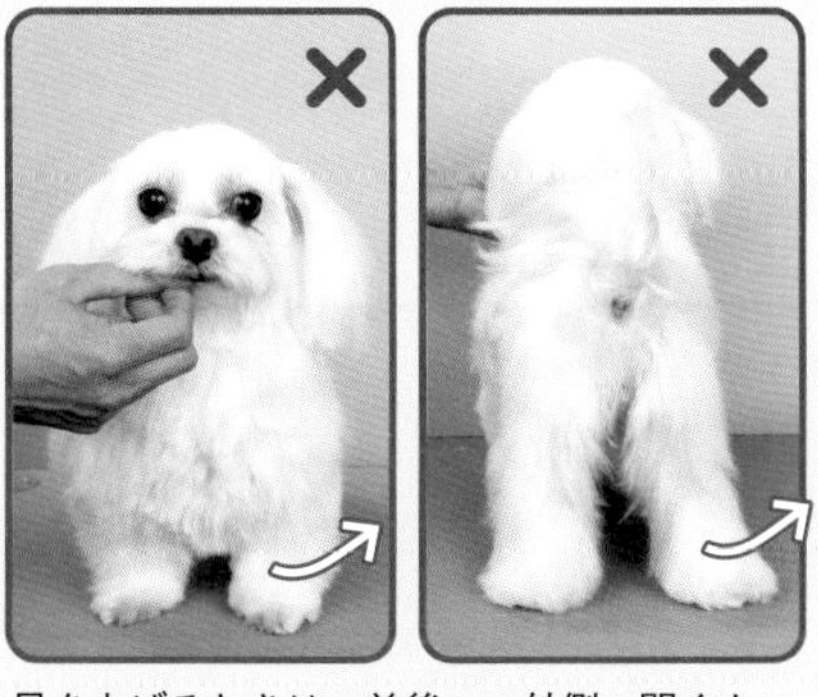

足を上げるときは、前後へ。外側へ開くように上げないでください。

ブラッシングの方法

**マルチーズの純白で美しい毛並みを保つための
ポイントを押さえましょう。
難しい方法ではないのですぐに覚えられます。**

ブラッシングの基本

基本を押さえて
行うことで、
仕上がりがぐんと
違ってきます。

被毛の美しさを保つためには毎日のお手入れが欠かせませんが、ただ何となくやっているとなかなか効果が出にくいかもしれません。自宅でのお手入れでは「次にトリミングサロンに行くまで清潔さと見た目の美しさを保つ」ことを目標に、毛玉や涙やけを防ぎましょう。ブラッシングは毎日、シャンプーは2週間に1回が目安。被毛が長めでも短めでも、基本のお手入れ方法は同じです。

お手入れの道具と持ち方

ピンブラシ

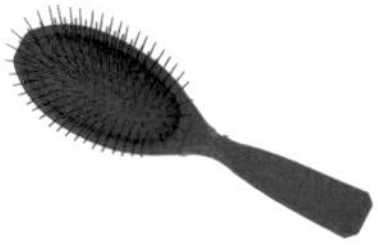

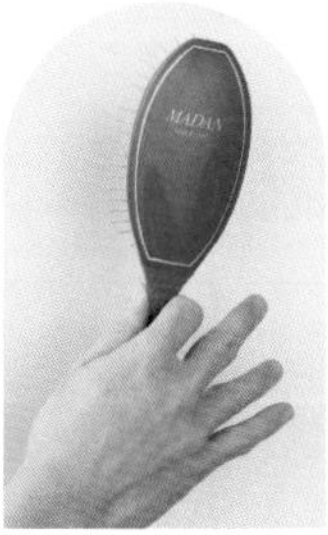

切れ毛を起こしにくく、長い毛にも適しています。親指と人さし指の指先で柄を軽く持ち、そのほかの指を柄に添えます。

コーム(くし)

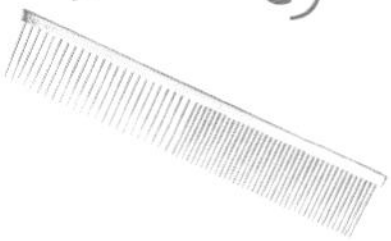

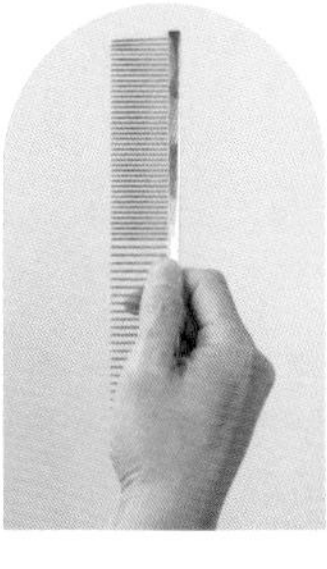

毛の流れを整え、毛玉の有無を確認します。親指と人さし指で真ん中あたりを持ち、コームの重さを利用してとかします。

スリッカーブラシ

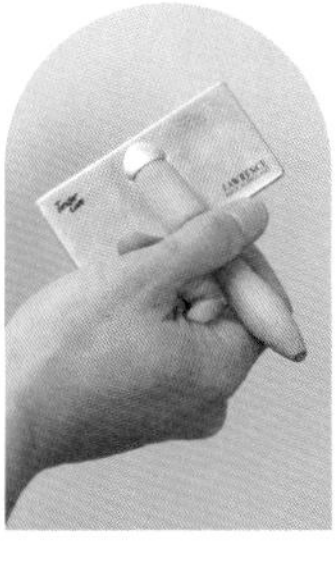

毛のもつれをとき、体に残る抜け毛を取りのぞくのに役立ちます。親指と人さし指で柄を軽く挟み、そのほかの指を添えます。

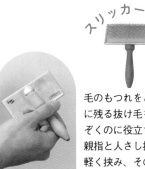

ブラッシングの注意点

犬が痛みを感じないよう、
十分注意しましょう。

1 ブラッシング後にコームでとかす

スリッカーやピンブラシでとかしたら、同じところにコームを通して毛玉がないことを確認します。

2 引っかかったら手を止める

ブラシやコームが引っかかるのは、毛玉がある証拠。無理に引っ張らず、一度ピンを抜いてからやさしくとかしなおします。

3 皮膚が赤くなっていたらストップ！

ブラッシングの刺激が強すぎると、皮膚を傷付けてしまうことも。力の入れすぎ、とかしすぎに注意です。

ショートカットの場合

ふわふわショートを
キープする
とかし方の基本です。

とかし方の基本

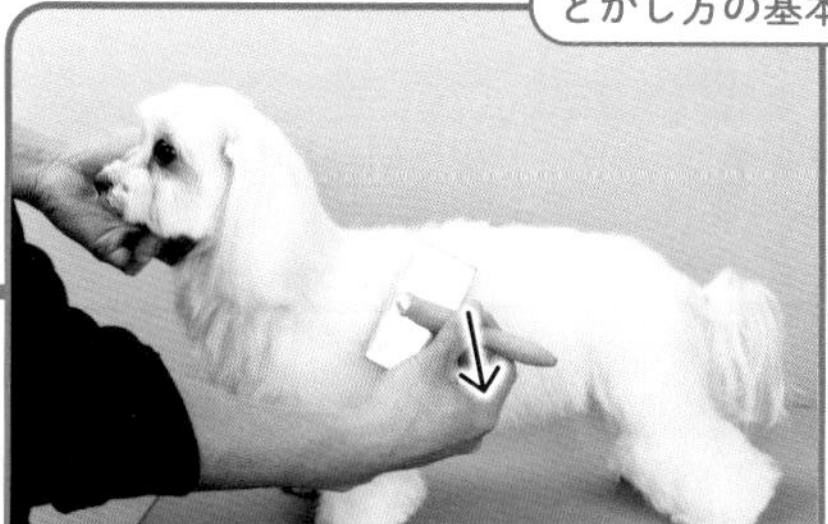

1 皮膚にピンがふれるようにスリッカーブラシを当て、毛の流れに沿ってとかします。当て方が軽すぎると、表面の毛しかとかせないので注意しましょう。

首周り

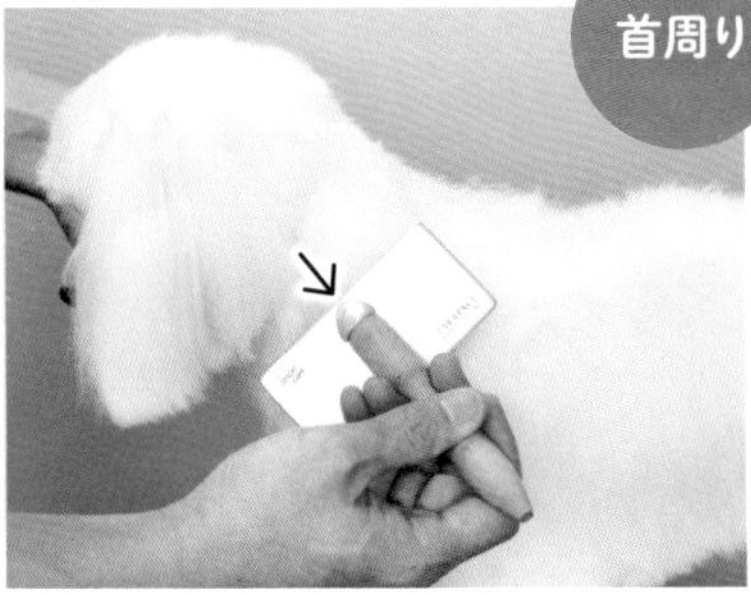

首輪を着けたりウエアを着ると首の周りの毛がもつれやすいので、ていねいにとかします。

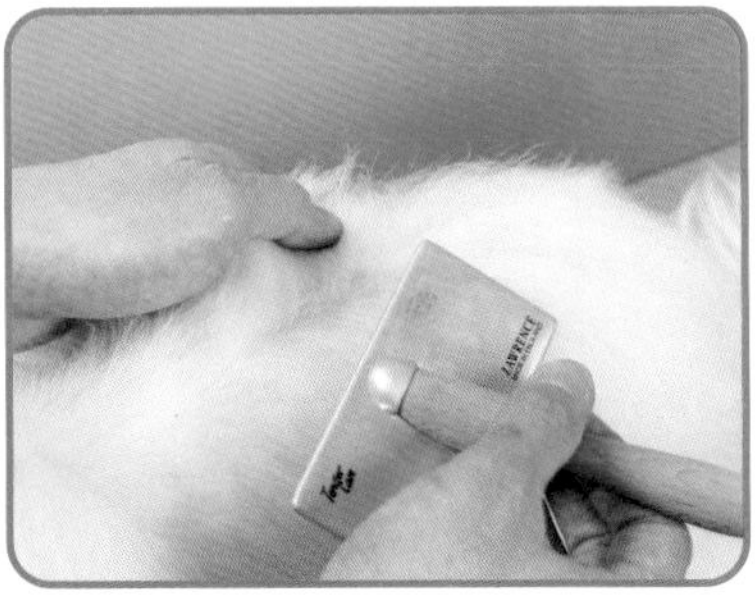

2 引っかかったら一度ピンを抜き、毛玉の部分だけ軽くとかし直します。

おなか

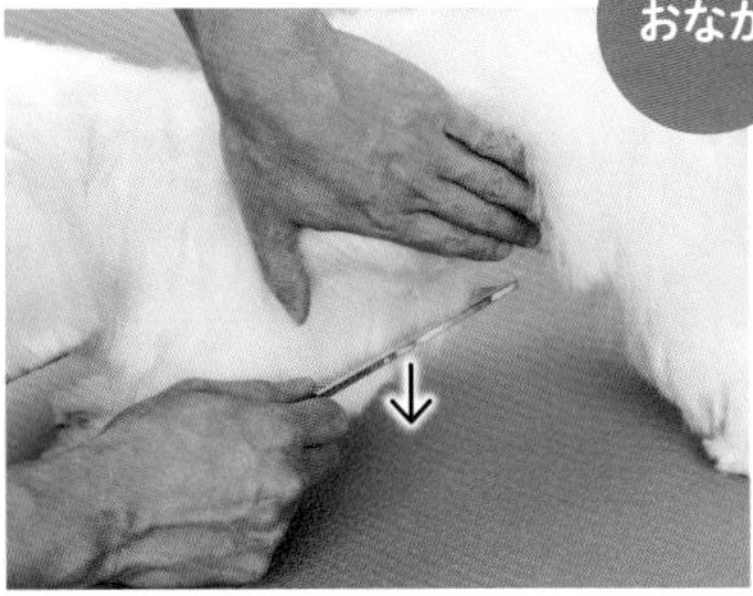

おなか(体の下側)は、上から落ちてくる毛を左手で持ち上げてとかします。とくに汚れやすい部分なので、ていねいに。

前足

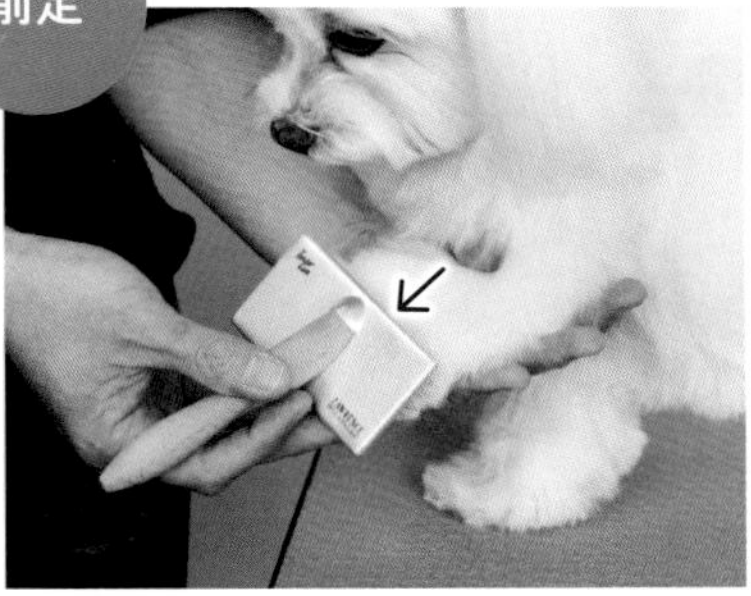

1 左手を添えて持ち上げ、毛流に沿ってとかします。汚れやすい足先まで、ていねいに。

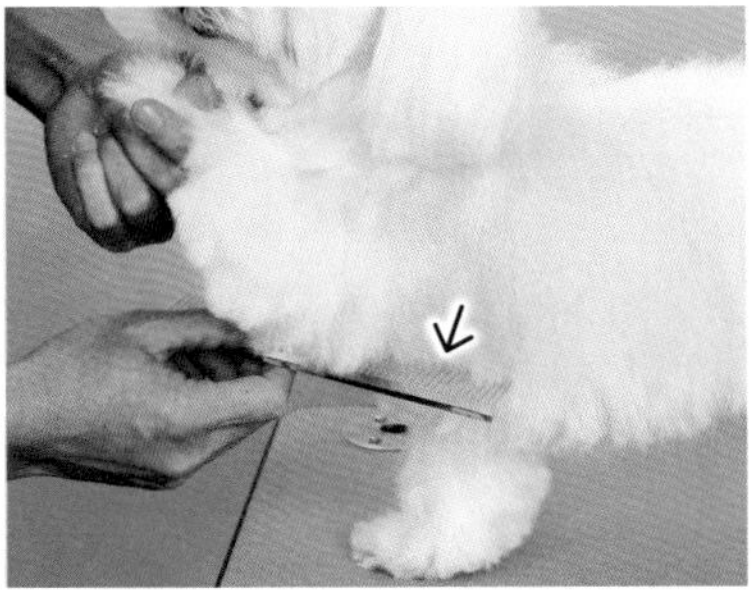

3 ブラッシングした部分をコームでとかし、毛玉の有無を確認。脇まで忘れずにコームを入れます。

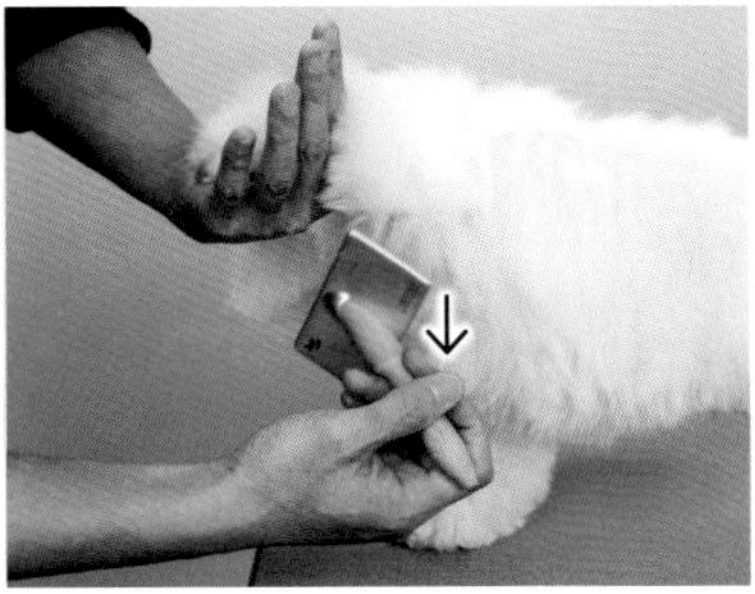

2 足と体がこすれる脇は、毛玉になりやすいところ。とかし忘れに注意します。

後ろ足

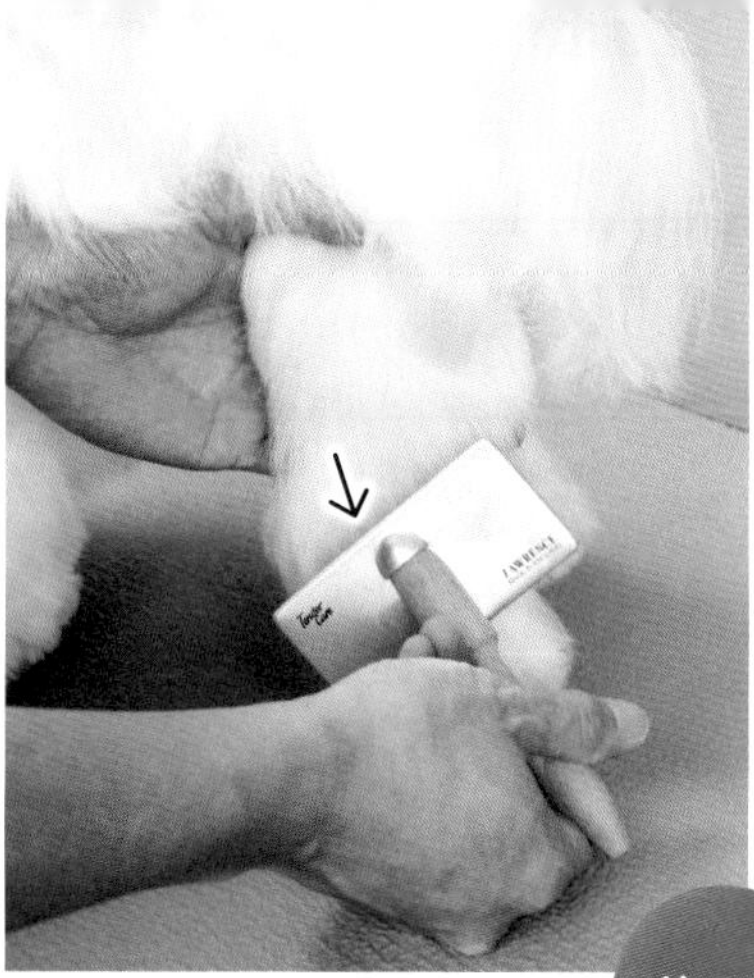

1 太もも〜足の外側は、太もも内側に手を添えてとかします。

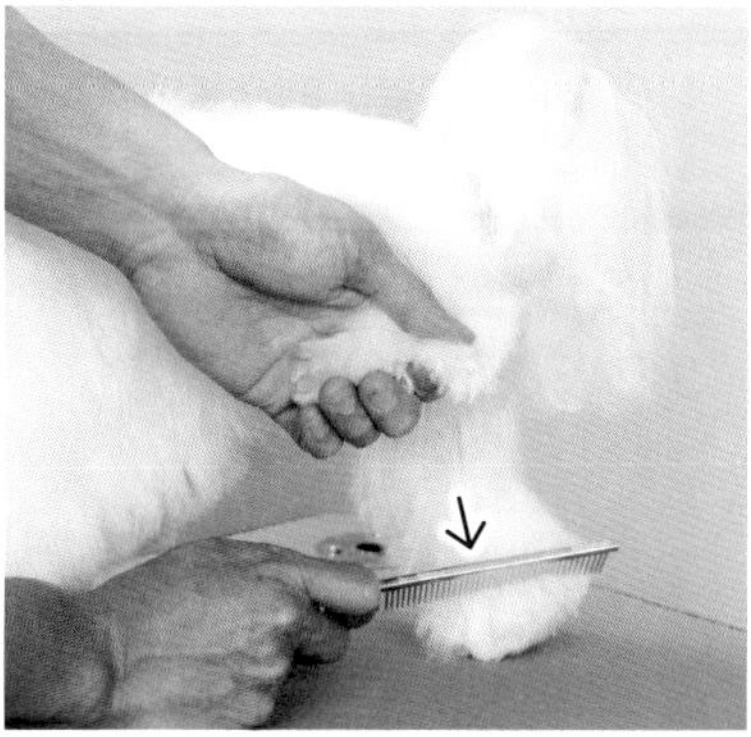

2 片方の足を上げ、反対側の足の内側をとかします。

memo

口の周りや股間の周囲などデリケートな部分や、毛を少しずつとかしたい場所には、できれば小さいスリッカーを使いましょう。とかしたいポイント以外に当たらないので犬への負担も少なく、スムーズにブラッシングができます。

耳

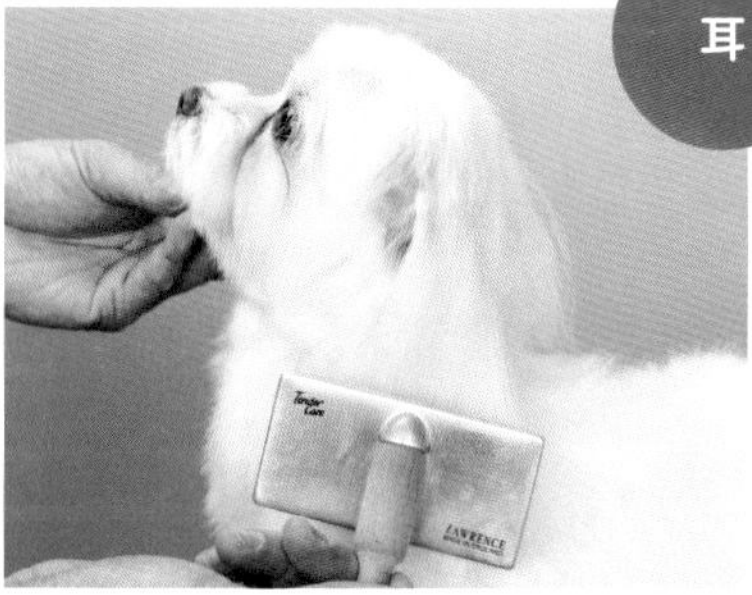

短めにカットしている場合はスリッカーでとかし、コームで毛玉の確認をします。

顔

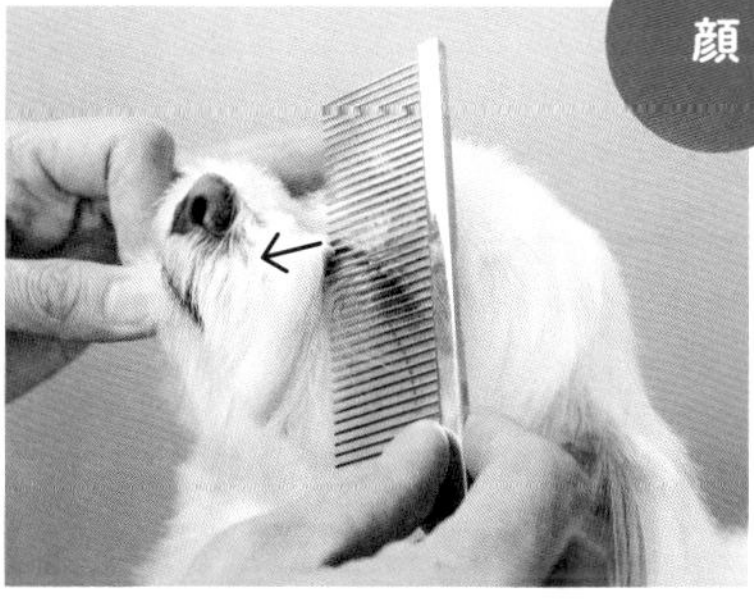

1 目頭から前へ向けて、コームでとかします。ピンの先を目に向けないように注意。

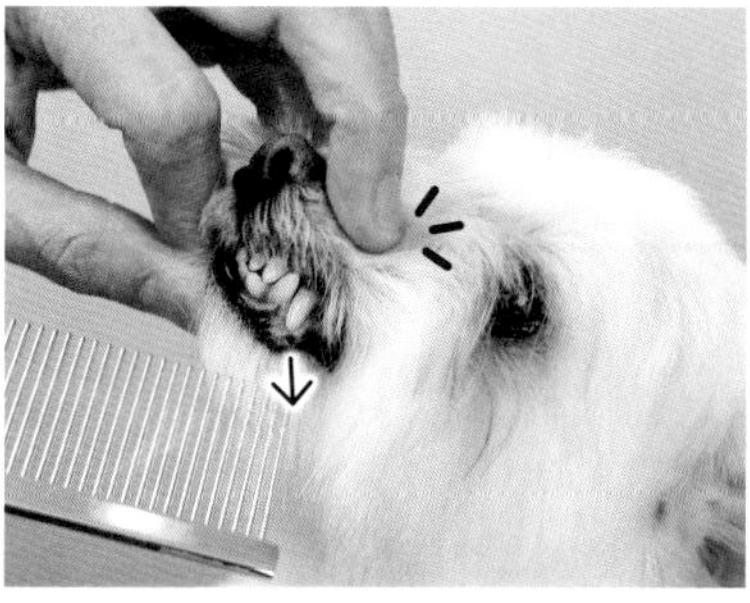

2 上唇をめくって軽く押さえ、下唇の周りをコームでとかします。

しっぽ

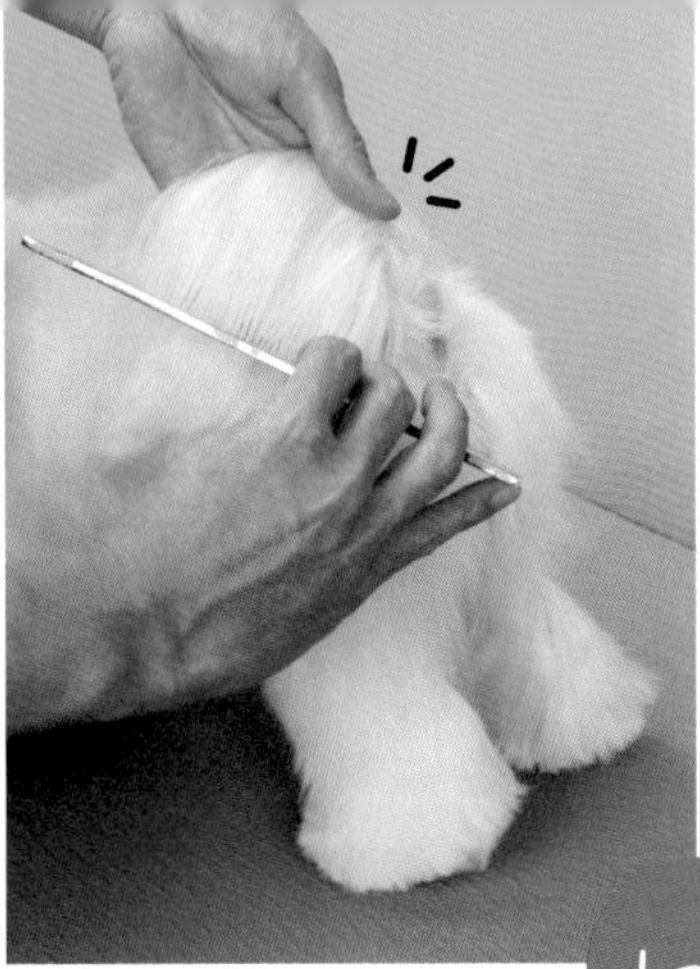

1
犬が自分でしっぽを上げられるようなら、上げた状態で後ろから左手を添えてコームでとかします。

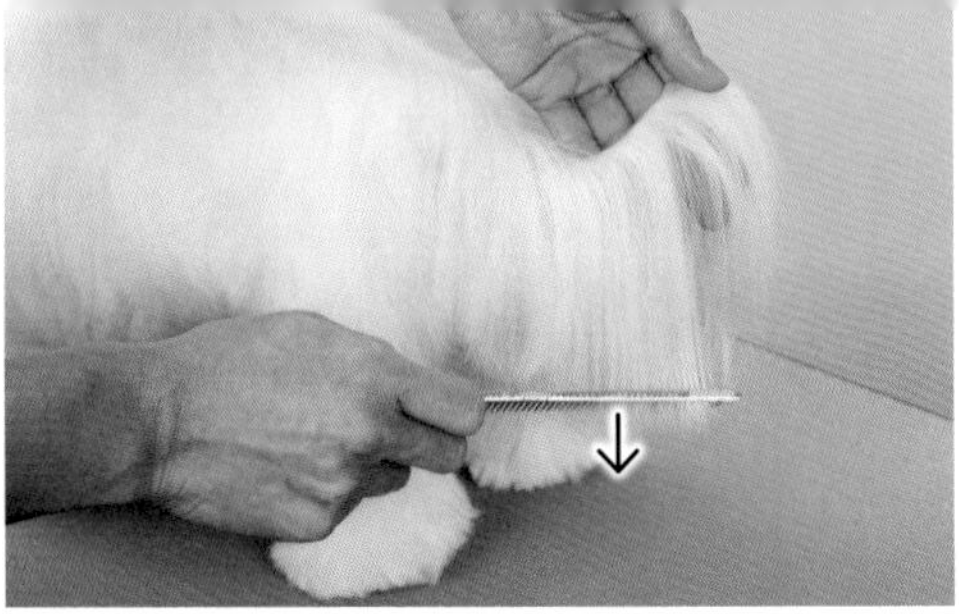

2
しっぽを下ろしてしまうようなら、しっぽの先を軽く押さえてコームでとかします。

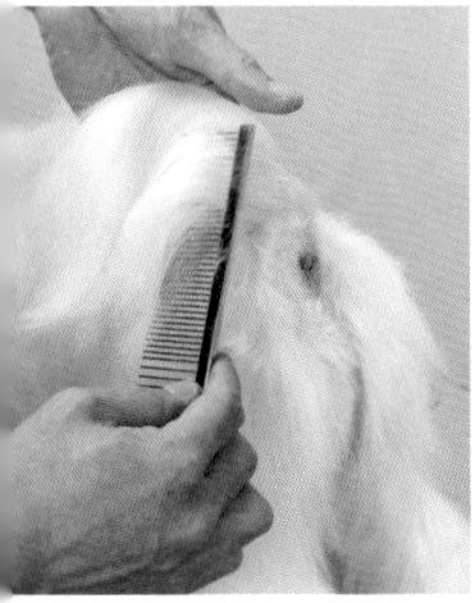

3
しっぽの根元近くは毛玉ができやすいので、とくにていねいにとかします。

ロングコートの場合

被毛が長い場合は
さらにプラスの
ポイントがあります。

とかし方の基本

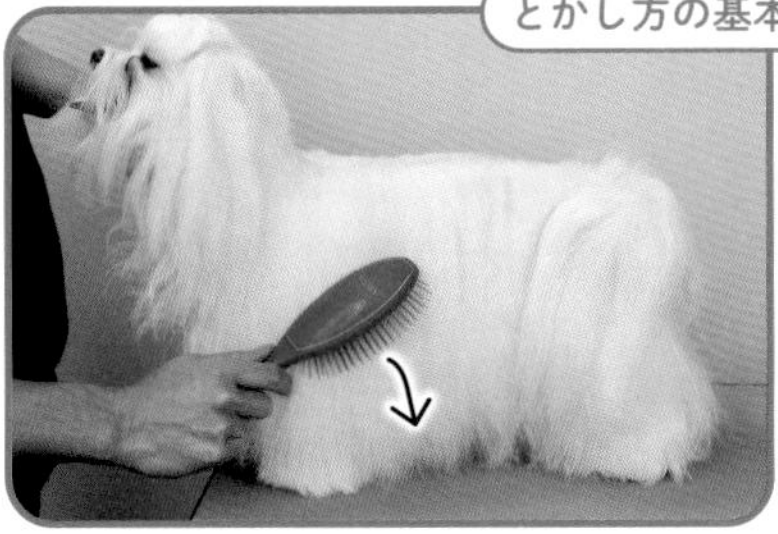

皮膚にピンがふれるようにピンブラシを当て、毛の流れに沿ってとかします。その後、コームでとかし直します。

足

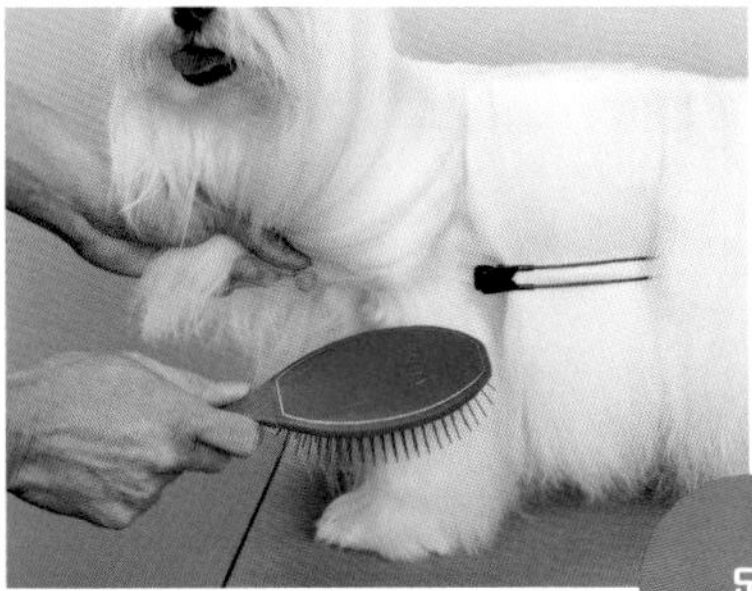

1
ボディから足にかぶさる毛をクリップで留め、足の毛をきちんととかします。

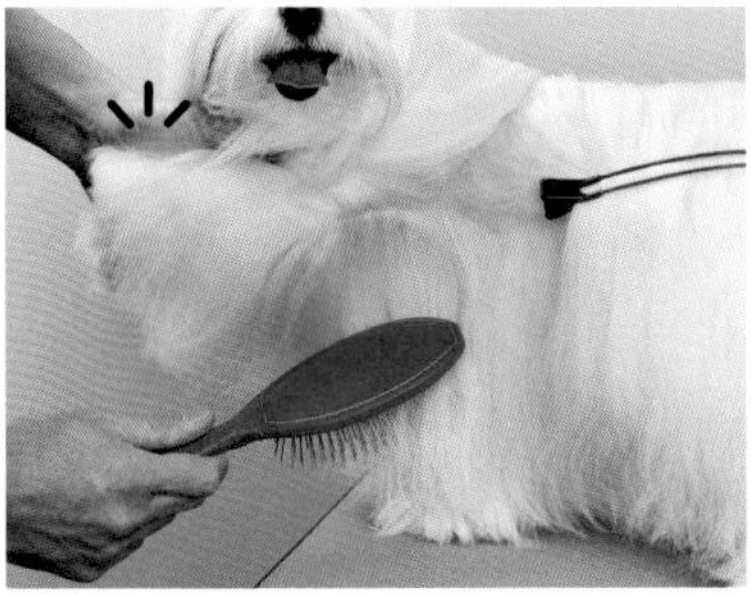

2
毛玉になりやすい脇は、前足を上げてとかします。

ボディ

1

しっぽの付け根から背骨に沿って、まっすぐに毛を分けます。リングコームの柄の先を皮膚に当てたまま、分け目を付けていきます。

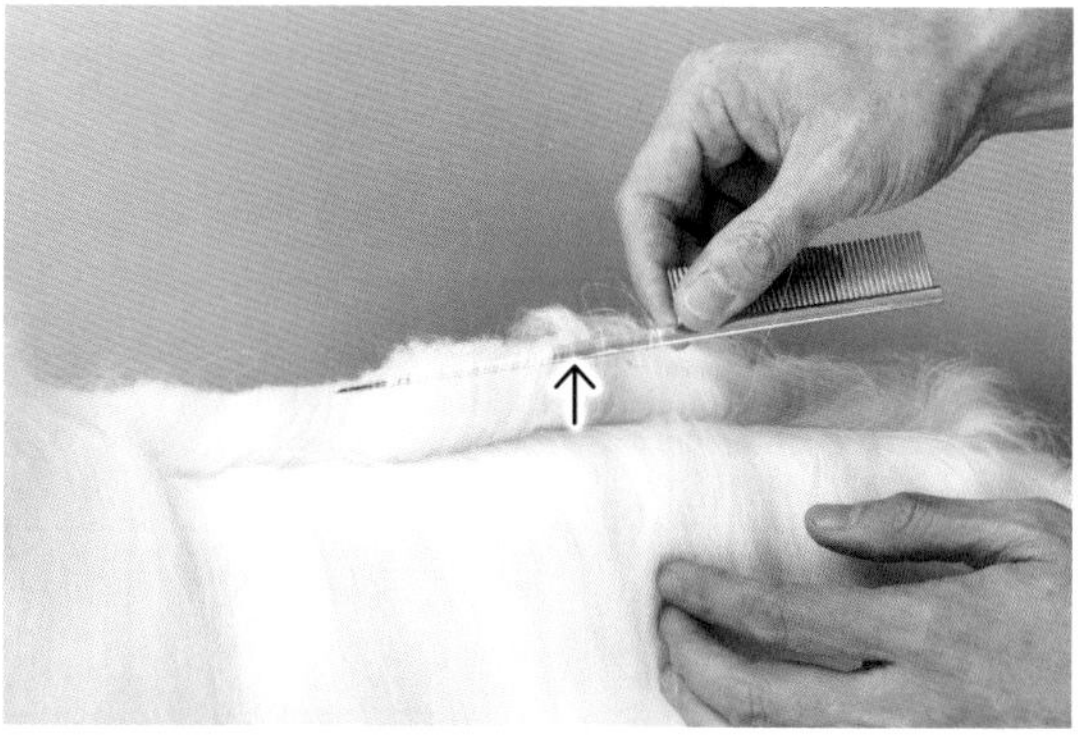

2

コームの柄の長さぐらいまで分けたら、コームをまっすぐ上に持ち上げ、毛を左右に割ります。首の付け根あたりまで、同様に。

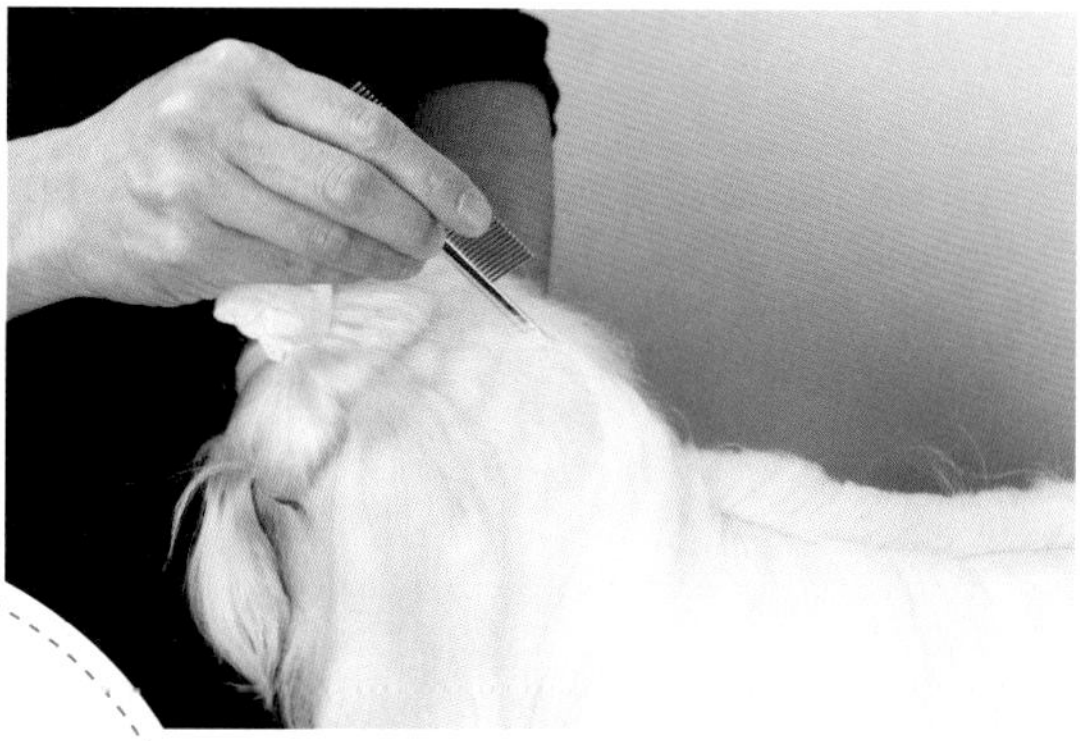

3

後頭部〜首の付け根までは、頭のほうから分け目を付けていきます。

memo

分け目の部分は毛が切れやすいので、ブラッシングするたびに少しずつ左右にずらしてください。毎回同じところで分けないように、おおよその場所を覚えておきましょう。

シャンプーとドライ

シャンプーはトリミングサロンにお願いするのが基本ですが、自宅で行う場合はこの手順を参考にしてください。

シャンプー

洗い残しやすすぎ残しは、
皮膚と被毛の傷みの
原因になります。

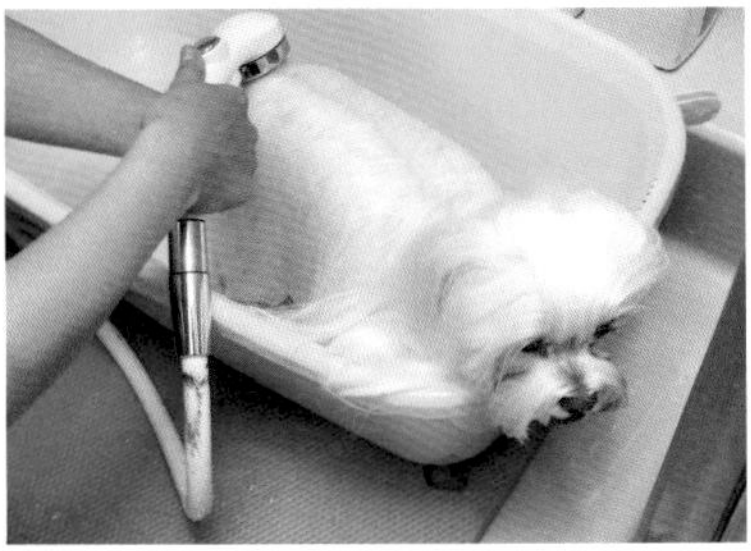

1
全身をぬるま湯（35℃程度）で濡らします。濡らす順番はお尻から前へ、シャワーヘッドを皮膚に密着させると、お湯が行き渡りやすくなります。

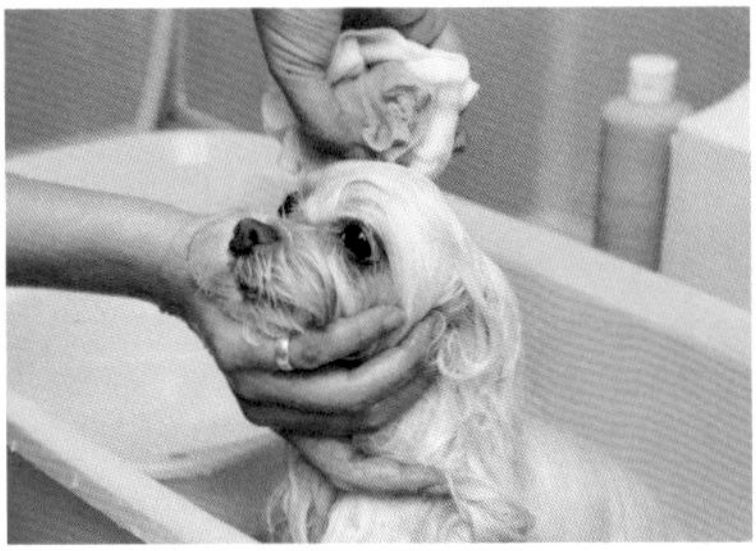

2
顔や頭を濡らすときは、耳にお湯が入らないように片手で押さえます。犬が嫌がる場合は、水分を含ませたスポンジを使っても◎。

3
シャンプーは規定の量のお湯で薄めます。スポンジを使ってシャンプーを泡立て、全身に泡を付けます。

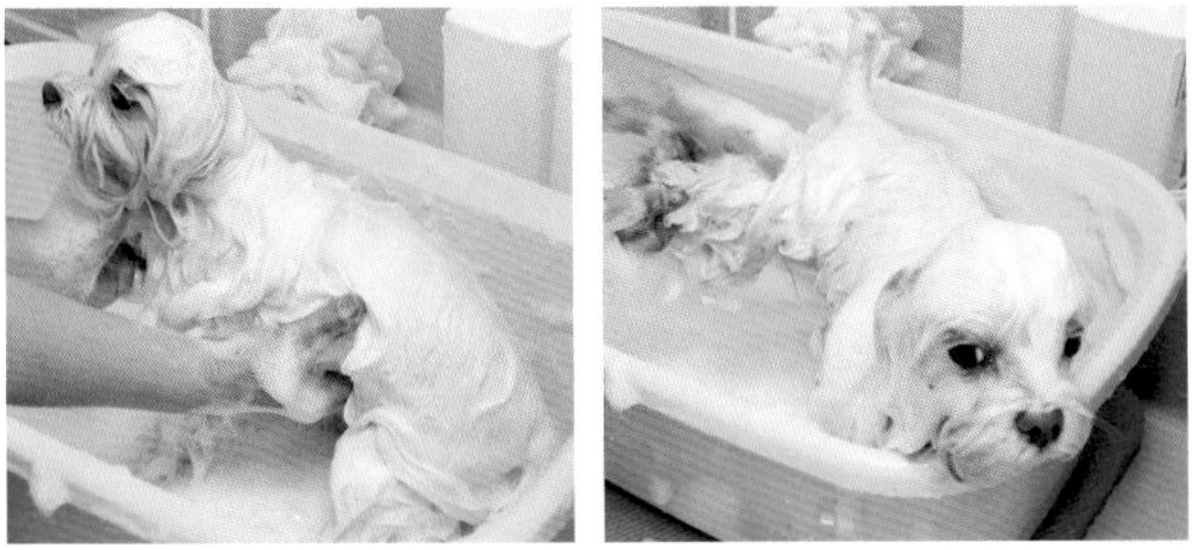

4
指の腹で被毛をこするようにして全身を洗っていきます。顔を最後にすれば、順番はどこからでもOK。

5

顔を洗います。目と目のあいだや耳の付け根は汚れやすいので、念入りに洗いましょう。

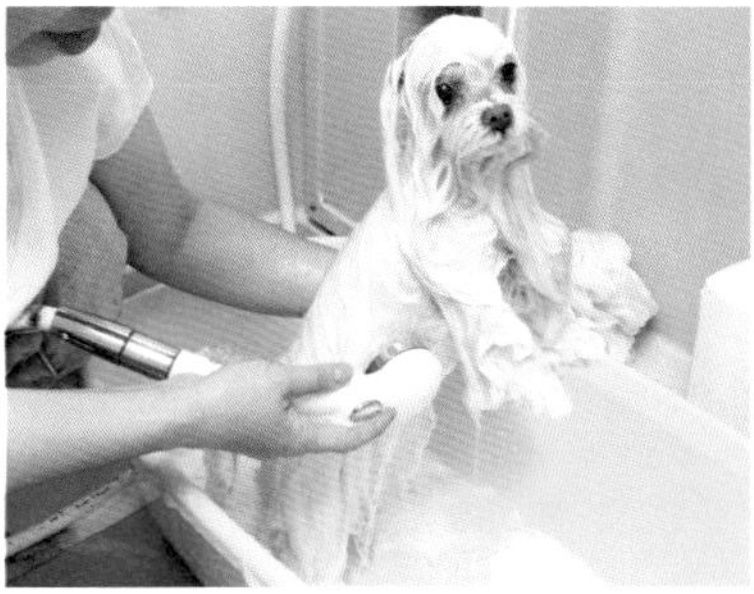

6

全身を洗い終わったら、頭→ボディ→足の順番でシャンプーを流します。

7

リンスやトリートメントを付けます。顔や足はリンスを入れたボトルに表示通りのお湯を加えて振り、直接付けていきます。ボディは、洗面器でリンスを薄めてそのままかけてOK。

8

指の腹を使って全身にリンスをなじませてから、お湯で流します。

1
すすぎ終わったらタオルで全身を包み、水分を取ります。吸水性の良いタオルを使うようにしましょう。

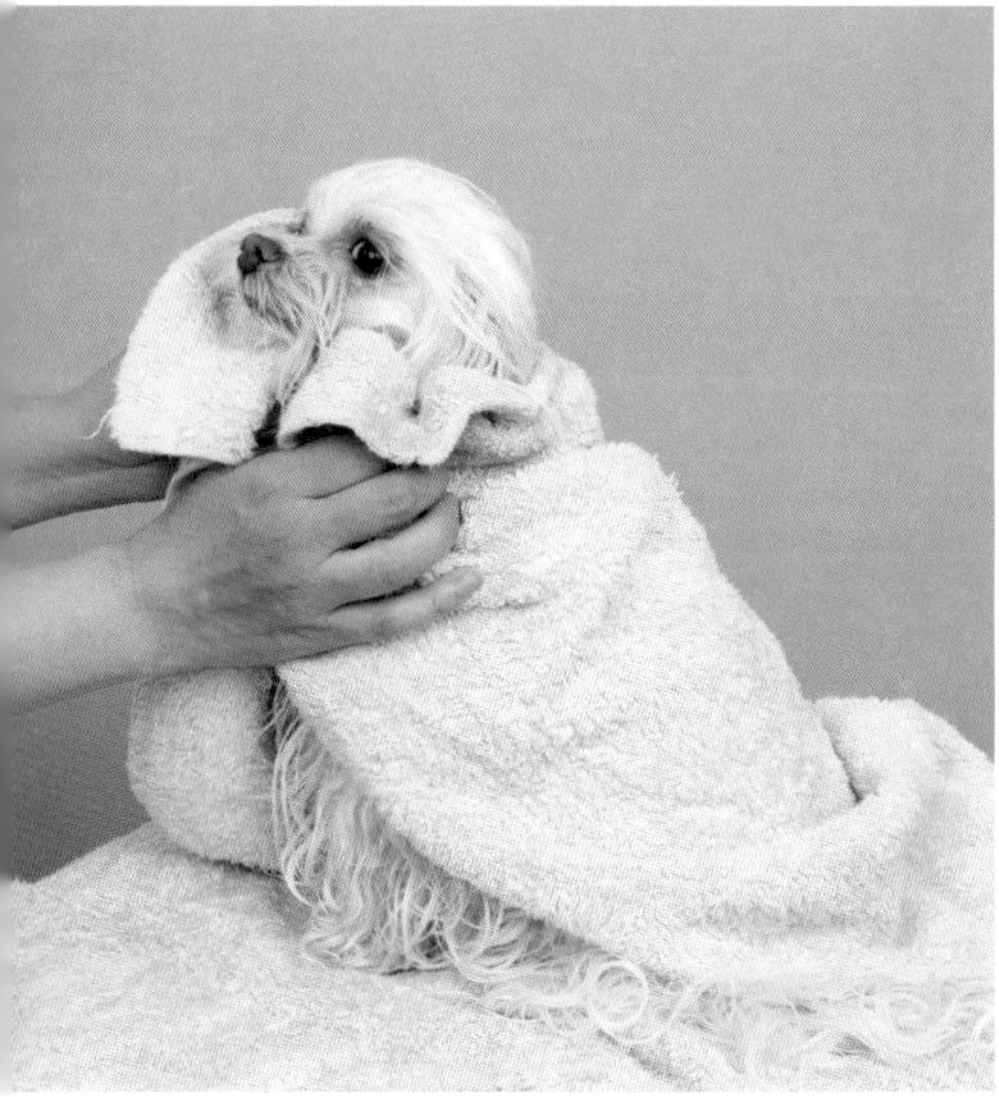

2
犬を台の上へ移動させ、タオルを替えながら①よりしっかりと全身をふいていきます。できるだけ水分を取り、ドライヤーの時間を短縮することで犬への負担を減らしましょう。

ドライ
（乾かし）

ブラシでとかしてから
ドライヤーをかけると
乾きやすくなります。

道具と持ち方

ブラシ

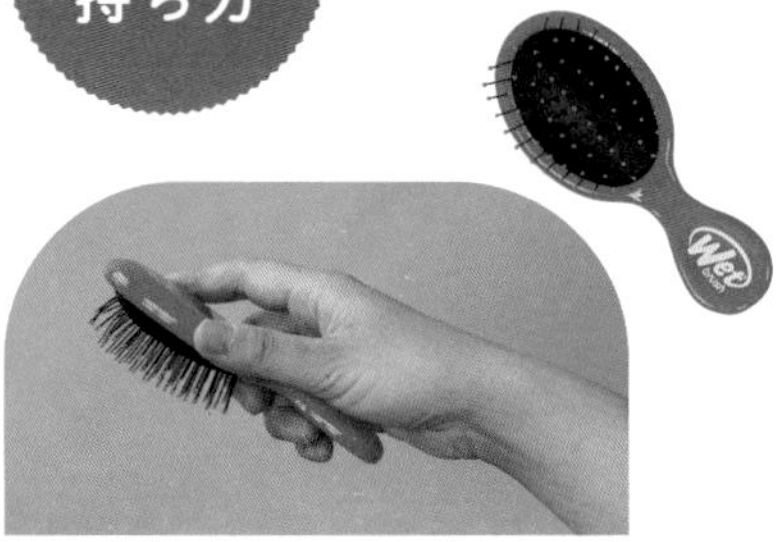

皮膚と被毛を傷付けないよう、ピンがやわらかい＆先端が丸いものを使用（人間用でもOK）。親指と人さし指で、ピンが出ている面の左右を軽く固定します（指の位置はサイズに合わせる）。

リングコーム

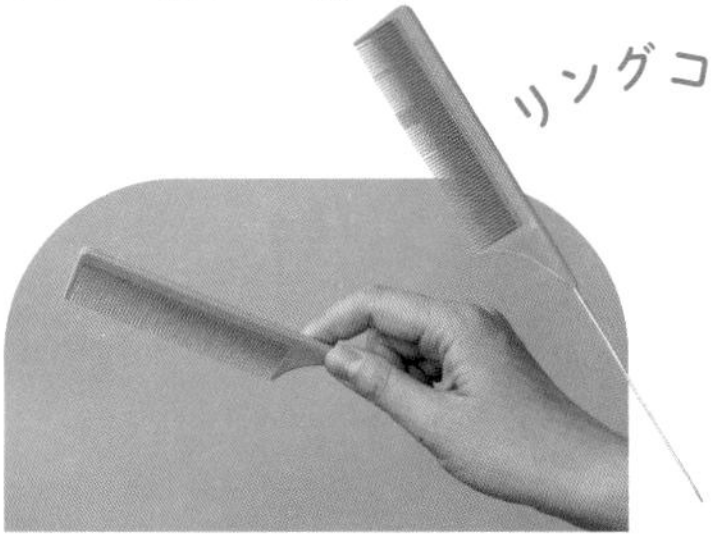

コームと同様に毛流を整えるほか、柄を使って毛をまとめるのに使用。柄の根元あたりを親指と人さし指で軽く固定。柄の尻を使うときは、ピンが出ている部分の背に指を添えます。

3

ドライヤーをかける前に、ブラシで全身をざっととかします。毛束をほぐすことで、乾きやすさがアップします。

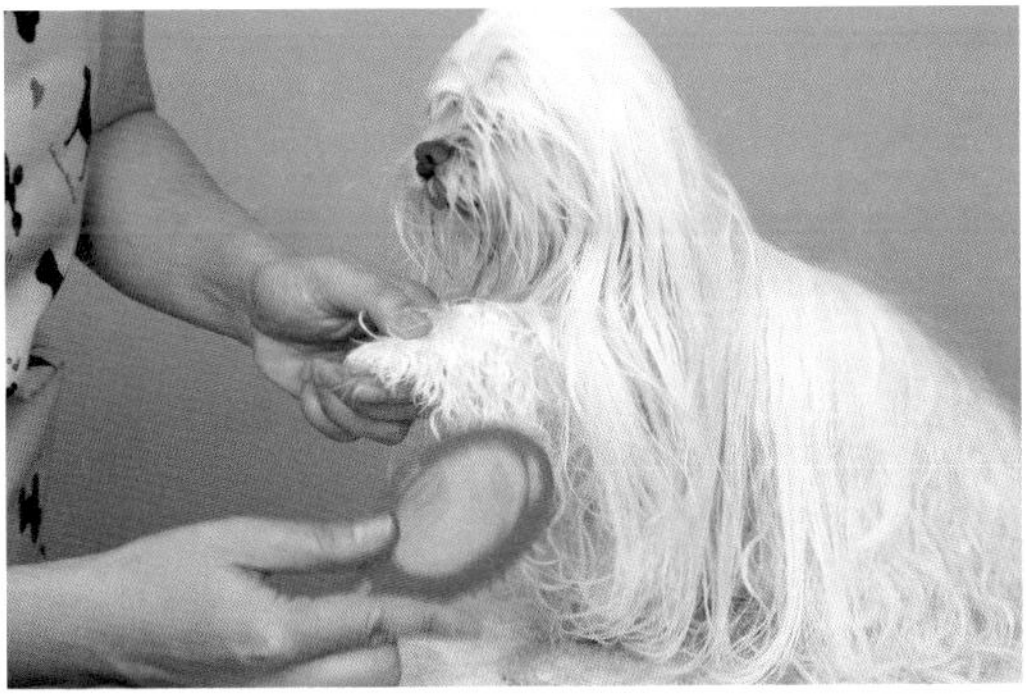

4

ドライヤーをかけながら、毛の流れに沿ってブラシでとかします。おなかや足先など乾きにくい部位に気を付けましょう。基本は冷風で乾かしますが、犬が寒がっていたら、温風に切り替えてください。

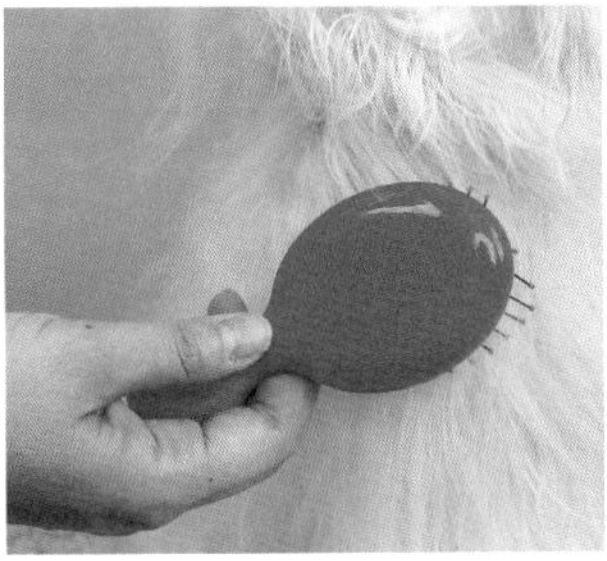

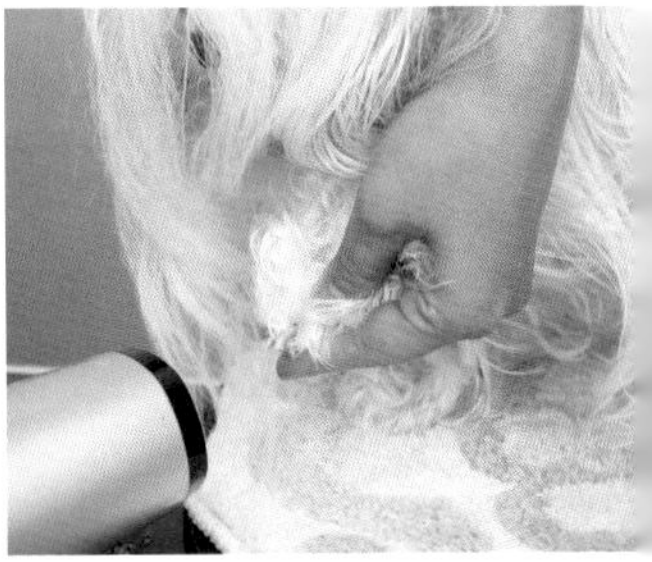

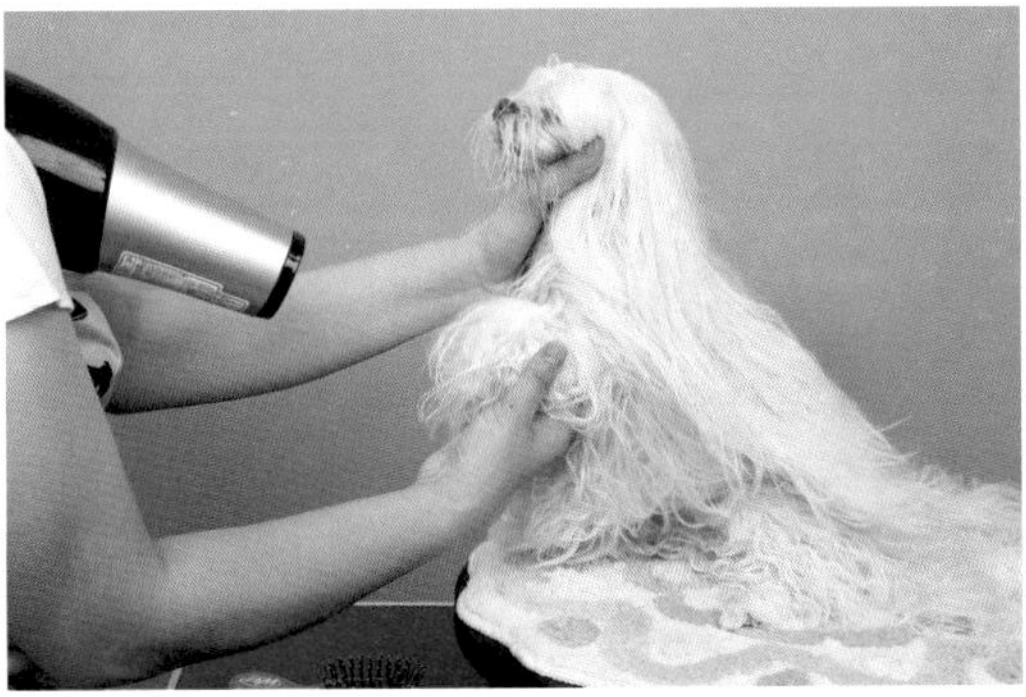

5

エプロンを着用して胸部分にドライヤーを引っかければ両手が使えるので、片手を犬の体に添えながらとかすことができます。

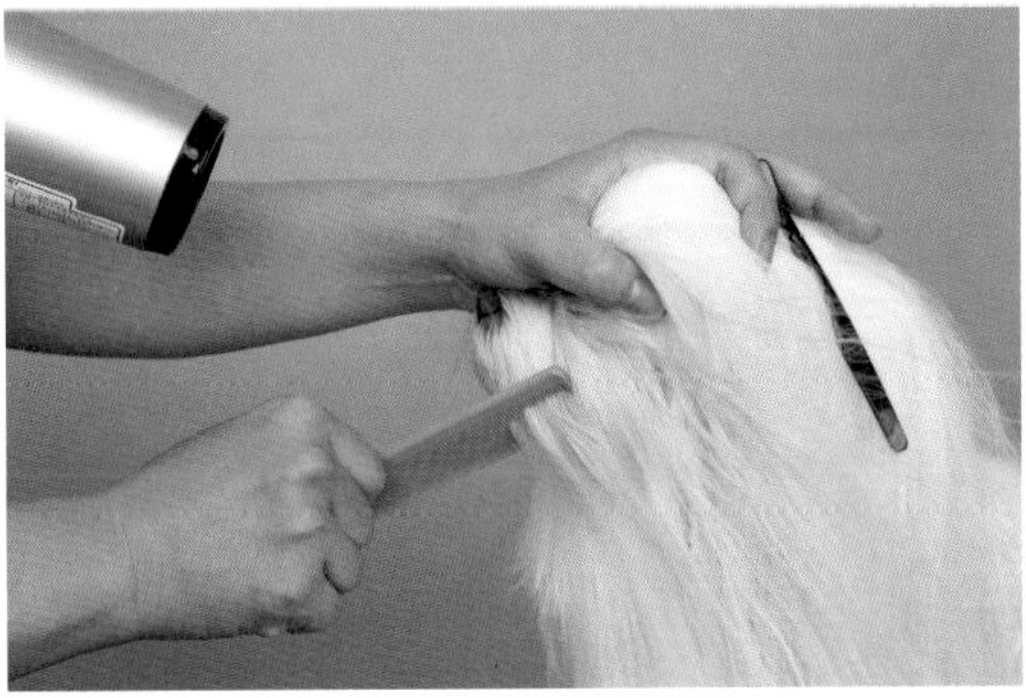

6

顔は弱風で乾かします。目と耳に直接風が当たらないよう片手でガードしながら、コーム(リングコーム)でていねいにとかしましょう。

涙やけ

こまめに涙をふき、
目薬をさすことで
清潔さを
キープしましょう。

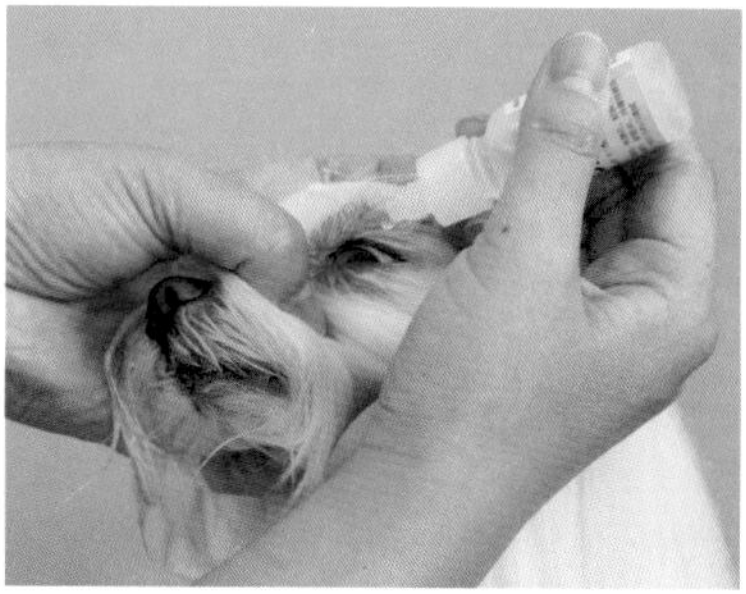

1
動物病院で処方される犬用目薬で目の潤いを保ち、涙の過剰な分泌をセーブします。目薬は、犬の顔を保定して目尻の後ろからさしましょう。

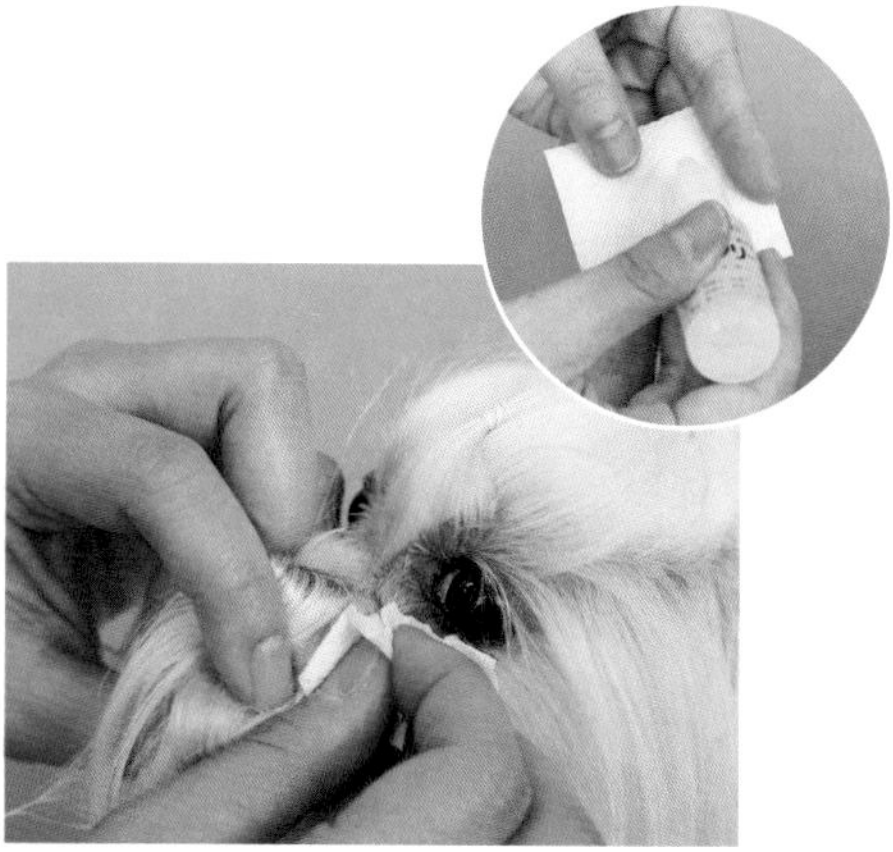

2
①の目薬を染み込ませたコットンで目の周りをふきます。涙がたまっていたら、乾いたコットンで余分な涙を吸い取りましょう。

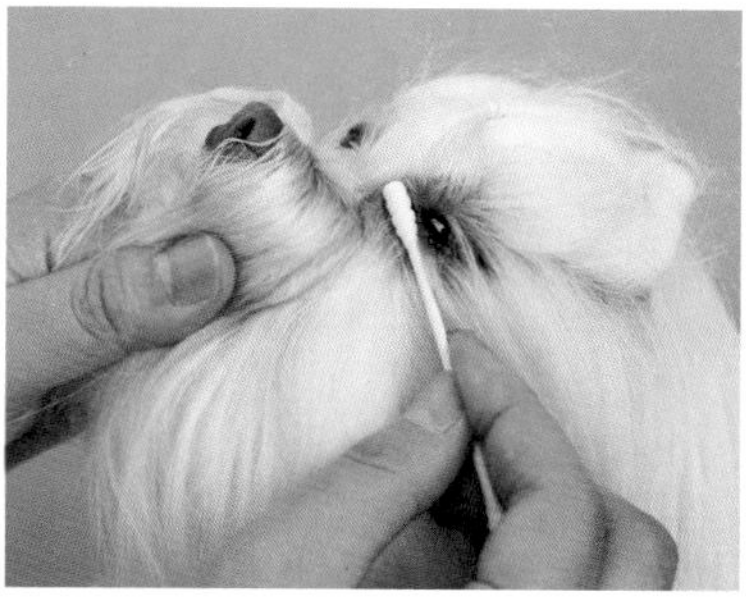

3
②のふき取りは、綿棒やキッチンペーパーなどで代用してもOK。目薬だと毛が余計に変色する場合は、水を染み込ませてもかまいません。

部分洗い

一部の毛が汚れたときは、
その部分だけシャンプー
するという手段も。

1
まず汚れた部分（ここでは口周り）の毛をとかし、上下２層に分けます。

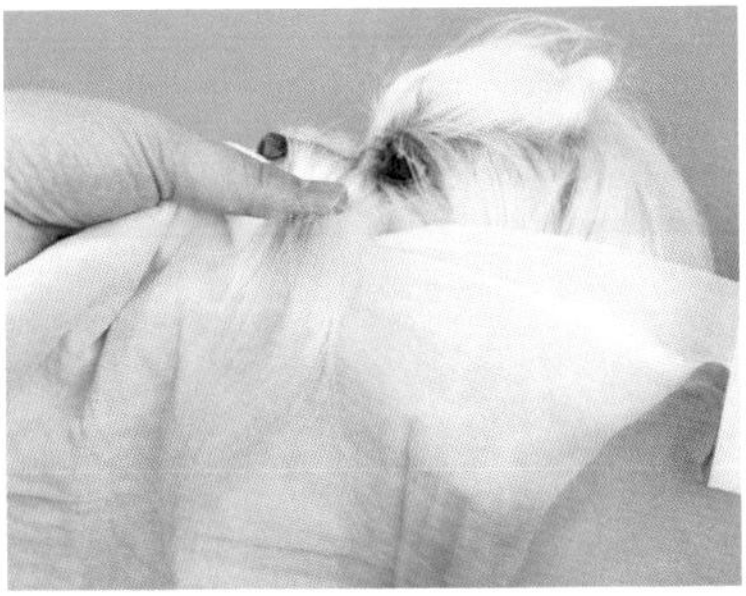

2 続いてトイレシートを口元に当て、①で分けた上の層の毛を外側に出します。

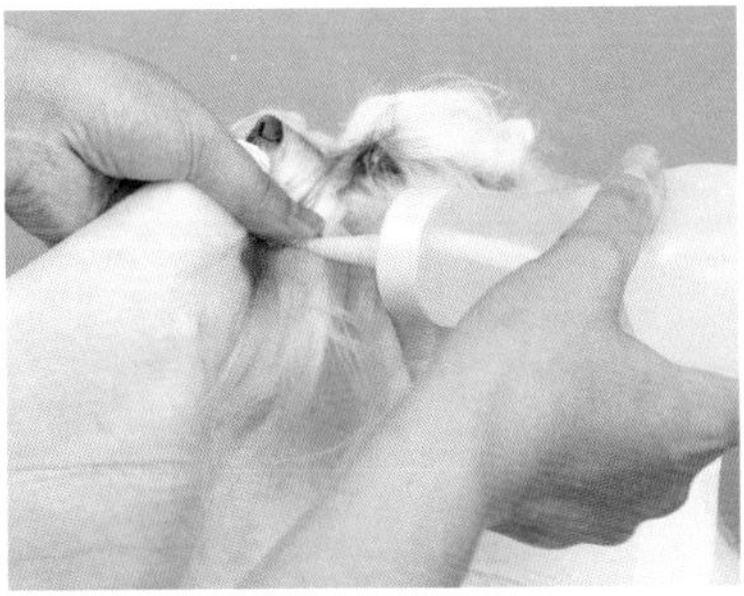

3 ②の毛に、ボトルで水をかけます。ほかの部位を濡らさないよう注意。

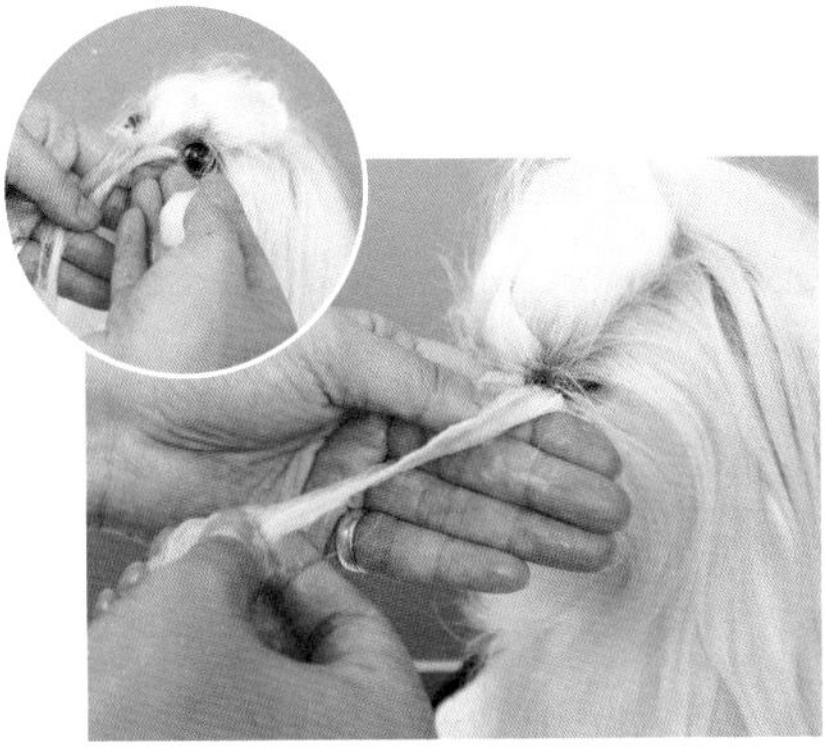

4 濡れた毛を絞ってトイレシートを外し、少量のシャンプーを付けてこすり洗いします。このとき、ほかの部位にシャンプーが付かないようにします。

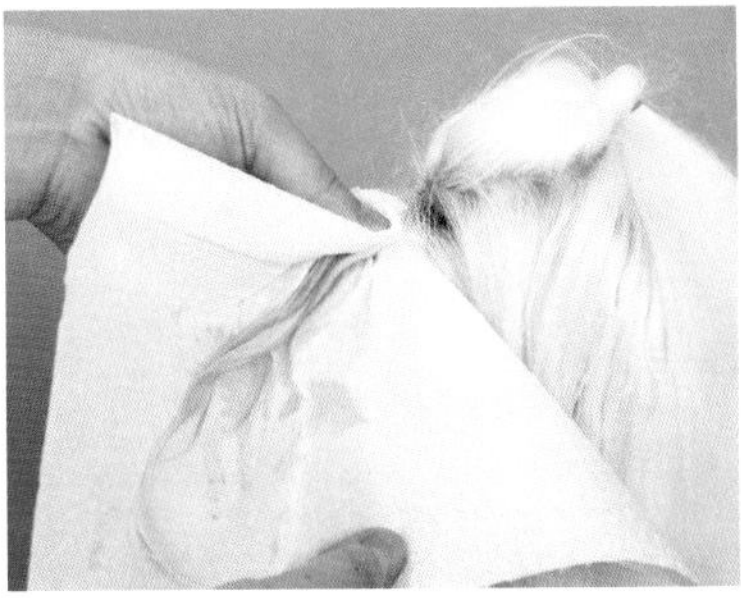

5 洗った毛をキッチンペーパーで包み、シャンプーをぬぐいます。

memo

この部分洗いの基本は、食事の後の口周りの汚れや散歩から帰ってきたときの足先などに応用できます。

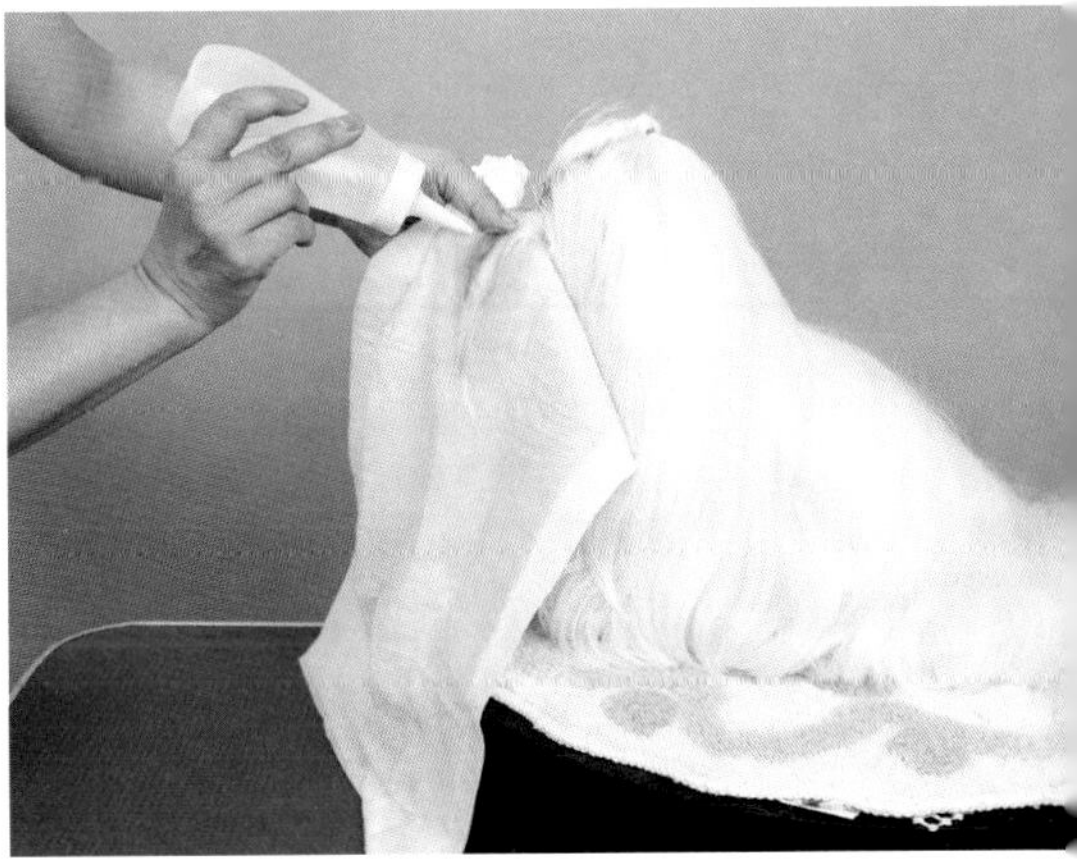

6 再びトイレシートを添え、洗った毛に水をかけてすすぎます。下の層の毛も同様に。

爪切り

爪切りに苦手意識を
持たせないように
心がけましょう。

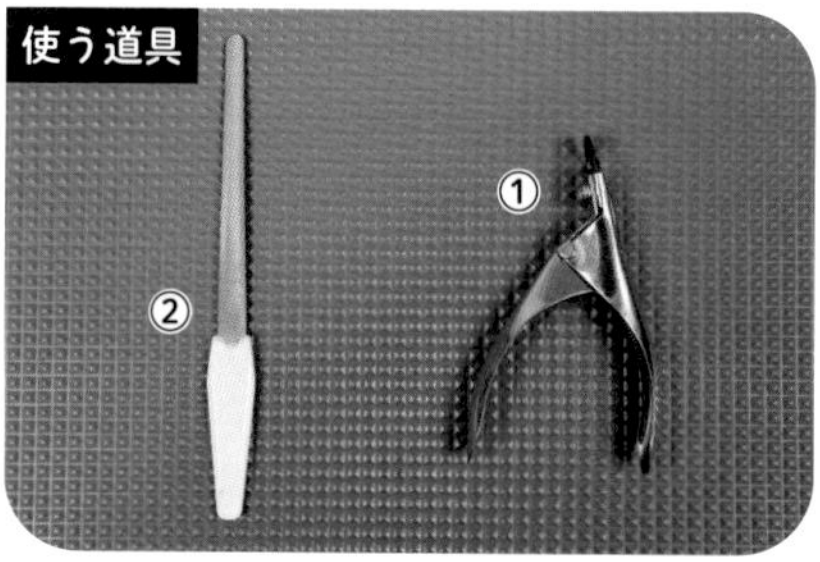

①爪切り（ギロチンタイプ）
②やすり

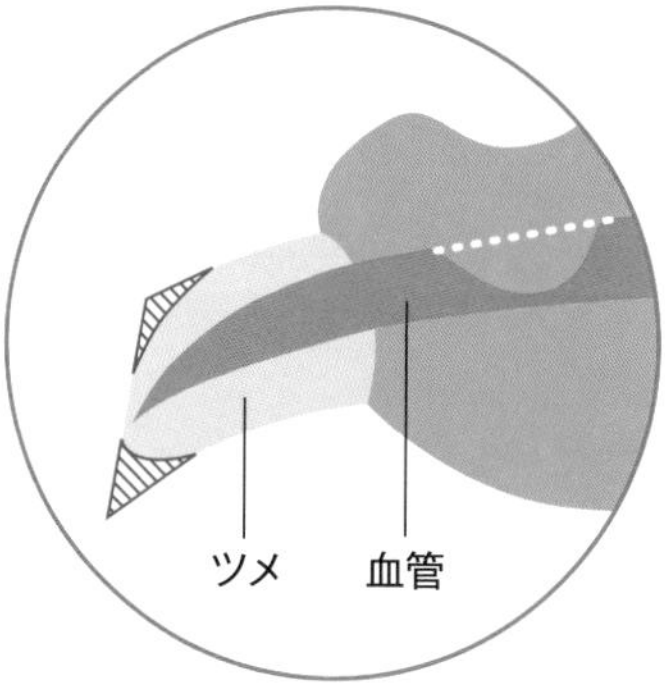

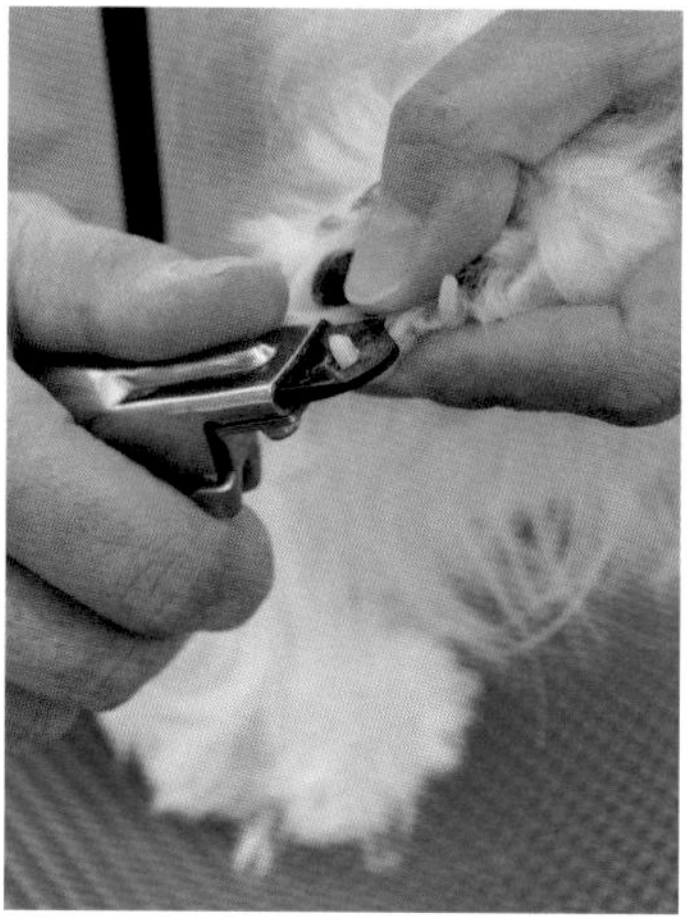

1

親指と人さし指で爪の根元をしっかり押さえ、中の血管を切らないように注意しながらカット。続いて爪の両端の角をカットします。

memo

爪切りが苦手な飼い主さんは、爪の先端にやすりをかけるところから始めましょう。

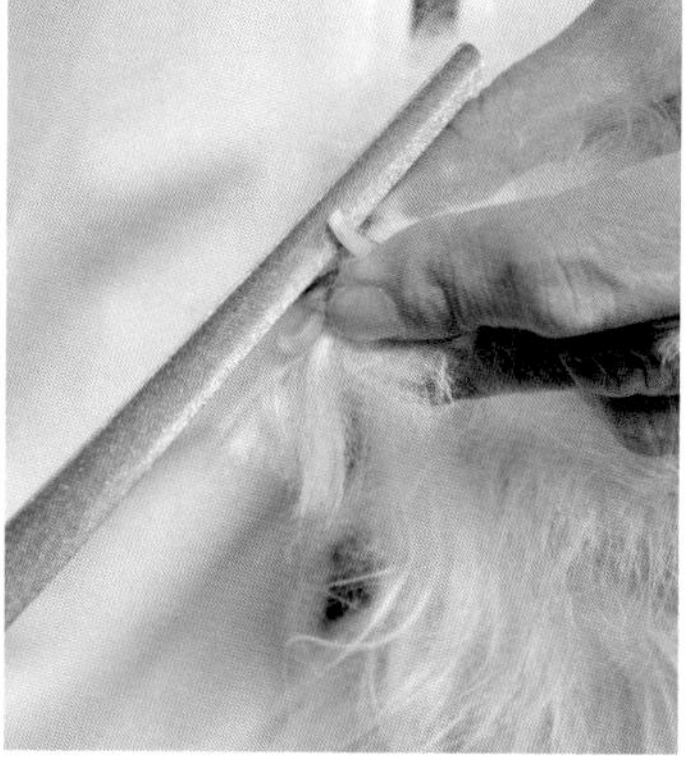

2

切り口の角にやすりをかけます。やすりは外側に向けて一方向に動かします。爪の先を指でさわってみて、とがっていなければ完了。

耳のケア

耳のケアは
病気や健康トラブルの
予防にもなります。

使う道具

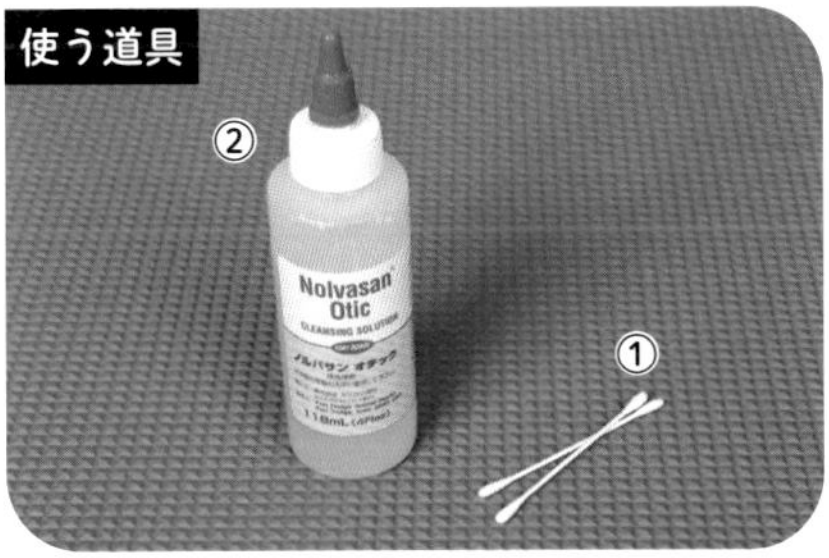

①綿棒
②イヤーローション

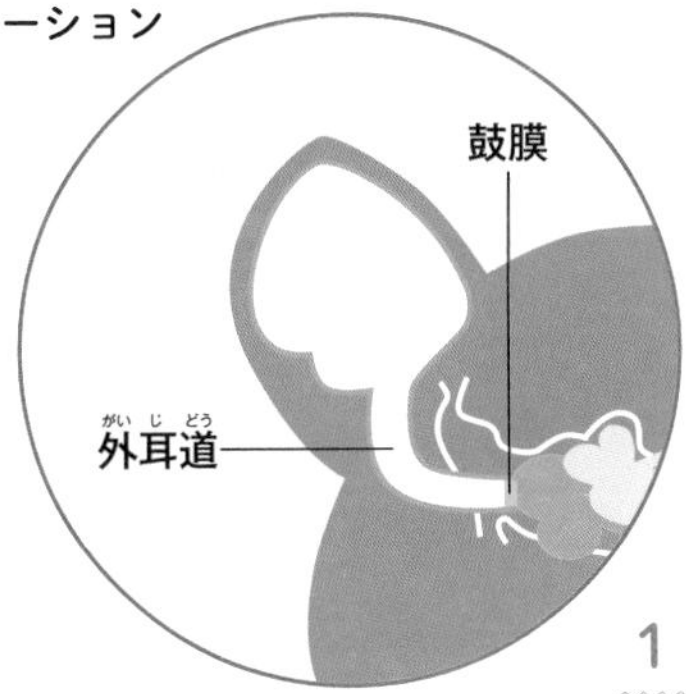

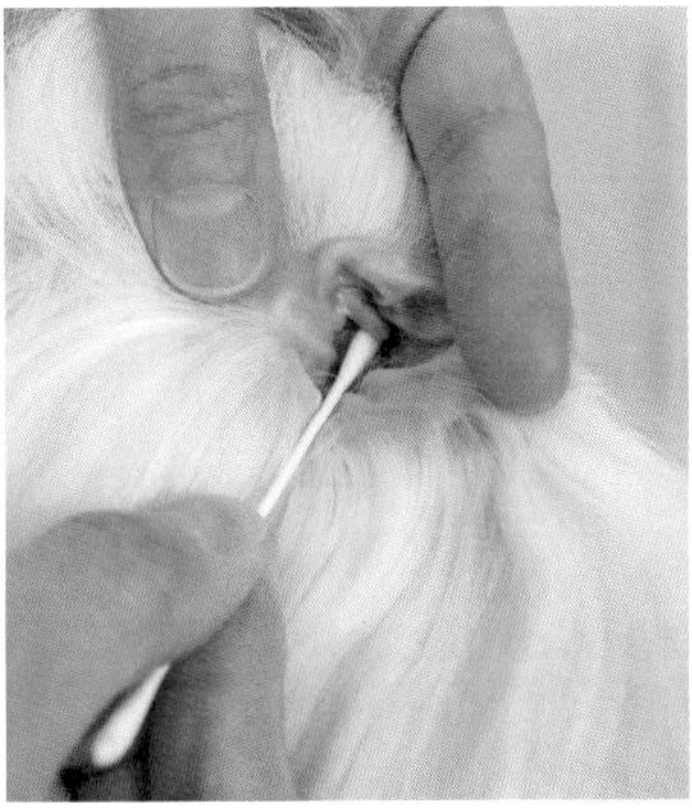

1

綿棒の先にイヤーローションを染み込ませて、耳の奥のぶつかるところまで静かに挿入します。犬の外耳道(耳の穴～鼓膜までの器官)は内側に曲がっているので、綿棒をまっすぐ入れても鼓膜を傷付けません。

2

耳の内側をこすりながらゆっくり引き抜きます。コットン部分が汚れなくなるまで繰り返します。

memo

最後に、①～②でぬぐった部分を、乾いたコットンなどでふきます。水分が残ると蒸れの原因になるので、ひだのあいだもていねいにふいてください。

歯みがき

**マルチーズのような小型犬に起こりやすいお口のトラブル。
愛犬の歯と歯ぐきを守るには、毎日のケアが欠かせません。**

トラブルcheck

口内の異常は
全身に影響を及ぼすので、
よくチェックして
早めに発見を。

チェックリスト

- □ ものを噛《か》むとき、片側の歯だけを使う
- □ ものを食べるとき、頭を片側に傾ける
- □ 硬いものを食べたがらない
- □ 食べものをよくこぼす
- □ ごはんを食べるのに時間がかかるようになった
- □ よだれが増えた
- □ 口臭が気になる
- □ 口の周りをさわられるのを嫌がる
- □ 口を開けるのを嫌がる
- □ よく頭を振る
- □ 前足で口の周りをこすることが多い
- □ 口を床や地面にこすりつける
- □ 怒りっぽくなった
- □ 口の中から血が出ている
- □ 口の周りや頬、顎などが腫《は》れている

当てはまる
項目があったら、
獣医師に相談を!

歯みがき Q&A

歯みがきの正しい知識を、
クイズ形式で
学びましょう。

Q1

3歳以上のペットの犬は、80%以上が歯周病にかかっているそう。では小型犬に限定した場合は?

A 3歳以上の60%が歯周病
B 2歳以上の80%が歯周病
C 1歳以上の90%が歯周病

正解 C

体が小さい犬ほど、顎のサイズに対して歯が大きい状態。そのため歯と歯のすき間が狭くなり、その部分に唾液が入り込みにくくなります。唾液の役割のひとつは、抗菌作用で歯垢《しこう》（プラーク）の発生を抑えること。つまりマルチーズのような小型犬は歯と歯のあいだに歯垢が付きやすく、中～大型犬に比べて歯周病になりやすいのです。

Q2

歯みがきは、毎日するのが理想。でも「最低限」どのくらいのペースですればいい？

A 2日に1回
B 4日に1回
C 1週間に1回

正解 A

犬の口の中のpH（酸性・アルカリ性の度合い）は、8～9。pHは6～8が中性とされ、数値が大きいほどアルカリ性が強くなります。そして口内環境がアルカリ性に傾くと、歯垢が歯石に変わりやすくなります。犬の場合、歯垢が歯石に変わるまでの時間は3～5日。歯石になってしまうと歯みがきでは落とせません。歯垢の段階で取りのぞくためには、最低でも2日に1回の歯みがきが必要です。

Q3

歯石がたまるとなぜいけないの？

A 歯石の中で細菌が繁殖するから
B 歯石があると歯垢がたまりやすくなるから
C 歯石があると歯ブラシが傷むから

正解 B

歯垢は細菌の塊ですが、それが固まった歯石の中では細菌は死滅しています。しかし、表面が凸凹になっている歯石には、滑らかな歯の表面より歯垢が付きやすいため、そのまま放っておくとどんどんたまってしまうのです。

Q4

正しい
歯みがきのしかたって？

A 歯ブラシを歯に垂直に当てて左右に動かす

B 歯ブラシを歯と歯ぐきの境目に斜めに当てて左右に動かす

C 歯ブラシを歯と歯の境目に当てて上下に動かす

正解

B

とくにていねいにみがきたいのは、歯と歯ぐきの境目。この部分にある歯周ポケットに歯垢がたまりやすいからです。上の歯なら歯ブラシの毛を斜め上45度、下の歯なら斜め下45度に向けて当て、歯周ポケットの中に毛先を入れるようにして小刻みに動かします。

Q5

「もう成犬だけど、これから歯みがきの練習をしたい」何から始めればいい？

A 歯科検診&治療

B とりあえず歯みがきをしてみる

C 愛犬とよく話し合い、歯みがきへの理解を求める

正解

A

成犬はすでに歯周病にかかっている可能性が高いため、まずは動物病院で診療を。必要な治療を終え、口の中を健康な状態にしてから歯みがきの練習を始めましょう。痛みや不快感がある状態で歯みがきをされたりさわられるのは、犬にとってつらいもの。無理強いすると、歯みがき嫌いになってしまいます。

Q6

マルチーズのための
歯ブラシ、
どんなものを選べばいい？

A ヘッドが小さく、毛が硬めのもの

B ヘッドが小さく、毛がやわらかめのもの

C ヘッドが大きく、毛がやわらかめのもの

正解

B

口も歯も小さいマルチーズの場合、すみずみまでみがくためには小さなヘッドの歯ブラシを選ぶ必要があります。また、ブラシが硬いと嫌がることが多いので、やわらかいものがおすすめ。毛先が細いほど、歯周ポケットの奥までみがくことができます。

歯みがきトレーニング

成犬になってからでも
遅くはありません。
時間をかけて
ステップアップして
いきましょう。

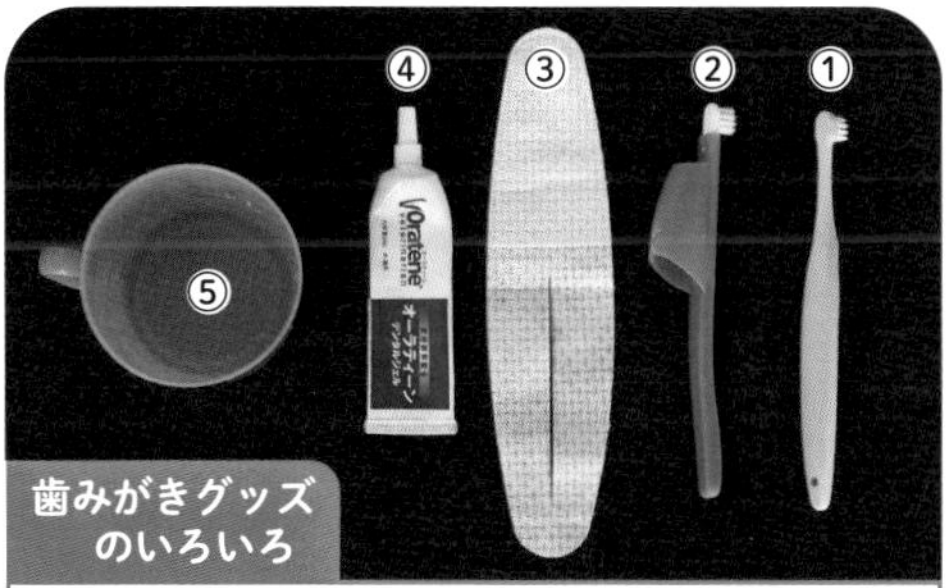

歯みがきグッズのいろいろ

①② 歯ブラシ	ポケット部分に指を入れて使うタイプの②は、歯ブラシに慣らす段階におすすめ
③ガーゼ、 専用シート	歯ブラシを使えるようになる前に、指に巻いて使用
④歯みがき用 ジェル	犬が好きな味を選ぶ
⑤水	ガーゼや歯ブラシを濡らしたりすすいだりするときに使う

※歯周病などがない健康な犬のための手順です。トラブルがある場合は治療を優先してください。

1 リラックスして犬をなでて、口の周りにもやさしくふれていきます。嫌がったらすぐにやめて、続きは次の日に。

memo

練習するときは、まず飼い主さんがリラックス。緊張した表情のまま口に指を入れたら、犬もおびえてしまいます。

2 なでながら、さりげなく口の中に人さし指を入れてみます。好きな味の歯みがきジェルを指に付け、なめているあいだに指を入れるという方法も。

3

上手にできたら、おやつを与えたりしてほめましょう。犬に「口に指を入れさせてあげるといいことがある」と思わせるようにします。

4

ガーゼの触感に慣らします。人さし指以外にガーゼを巻き（写真は専用のデンタルシートを使用）、歯と歯ぐきを軽くこすってみます。

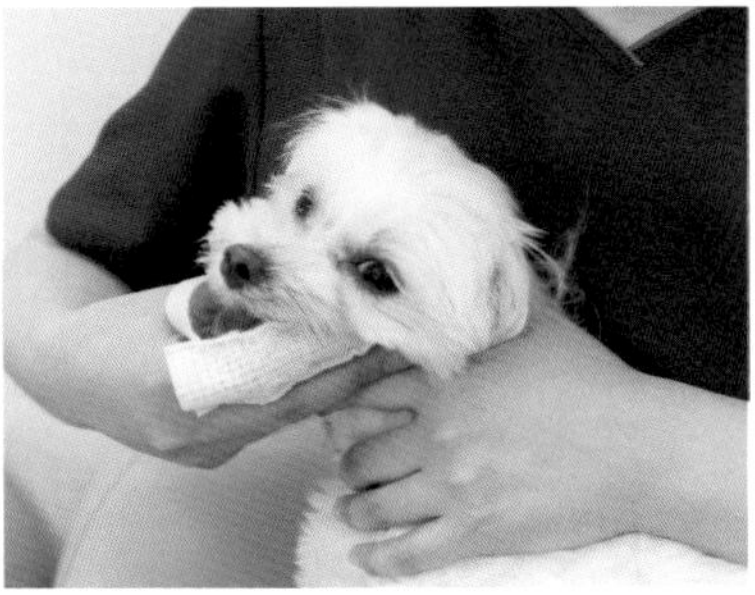

5

人さし指にガーゼを巻いて濡らし、歯と歯ぐきを軽くこすります。少しずつ慣らしていき、奥歯や歯の裏側まで、まんべんなくこすります。

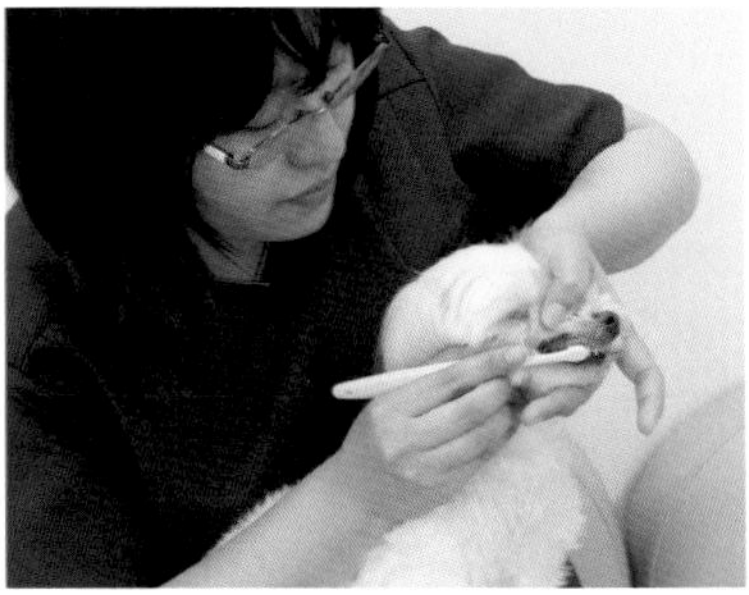

6

濡らした歯ブラシを鉛筆のように持ち、嫌がらないところからみがきます。歯ブラシは、歯と歯ぐきの境目に当てましょう（P64参照）。

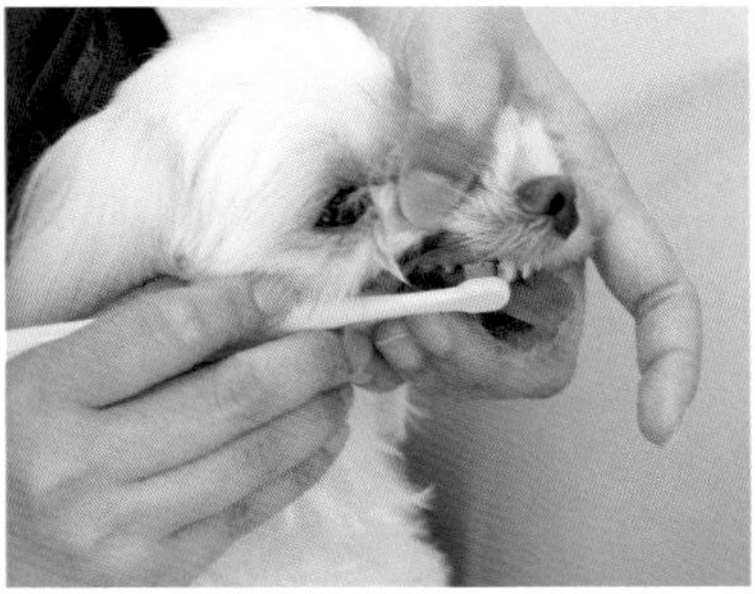

7

中指～小指で下顎を支え、親指で上唇を軽くめくります。ブラシが当たっているところを見ながらみがきましょう。

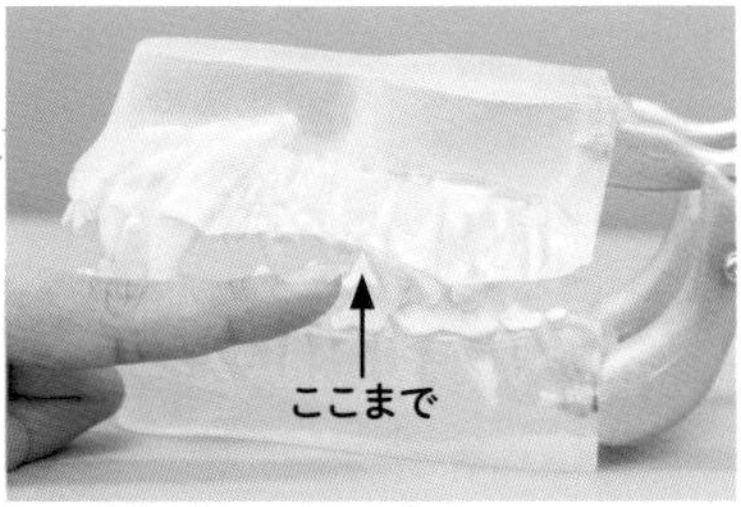

memo

唇をめくったときに見えるのは、犬歯の後ろにある大きな歯までです。

唇をめくると見える部分をみがくとき

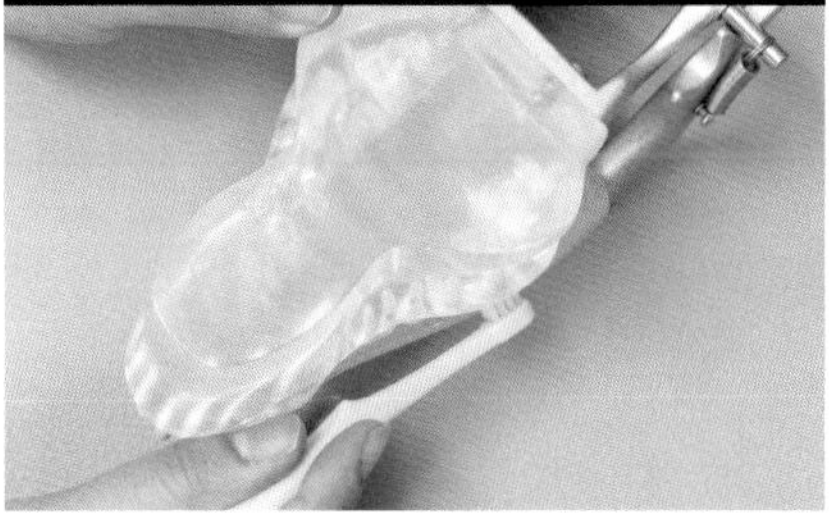

8 唇をめくっても見えない部分は、顎の骨がやや内側に入っています。奥歯は歯ブラシの柄で頬を外側に膨らませるようにして当てると、うまくみがけます。

見えない奥の歯をみがくとき

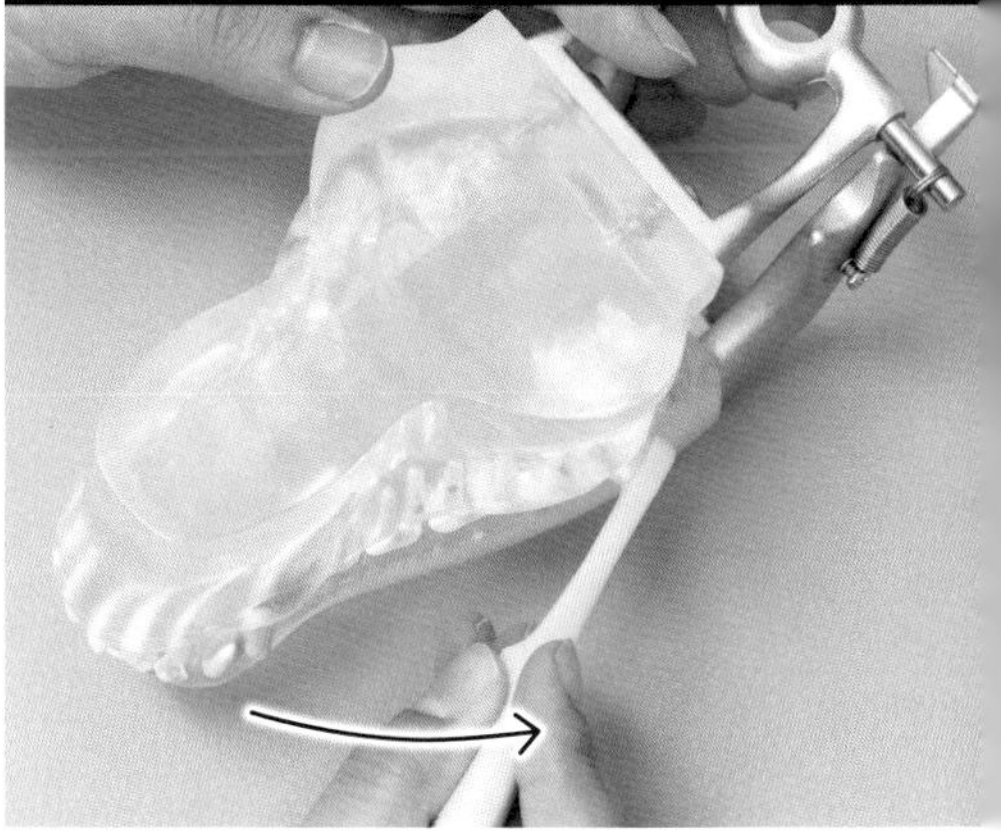

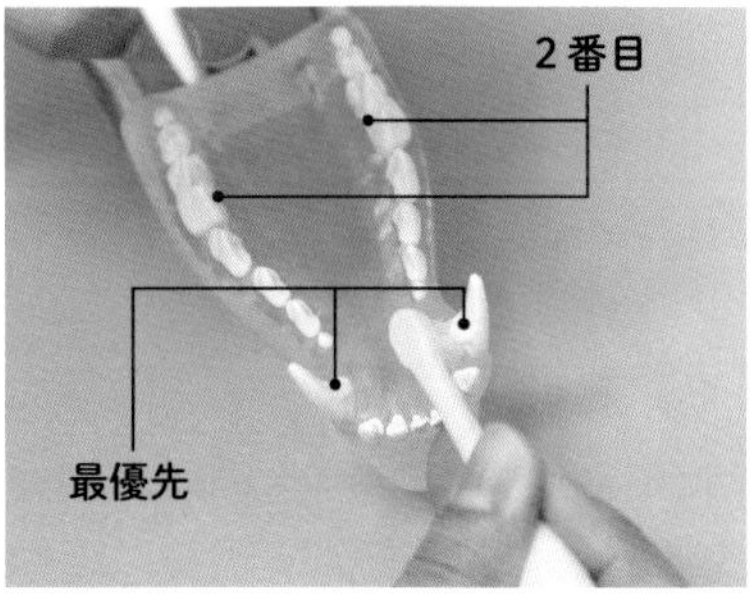

10 裏側もすべてみがけるのが理想ですが、難しい場合は上下の犬歯の裏側を優先。次に、いちばん奥の大きな歯の裏側をみがきましょう。

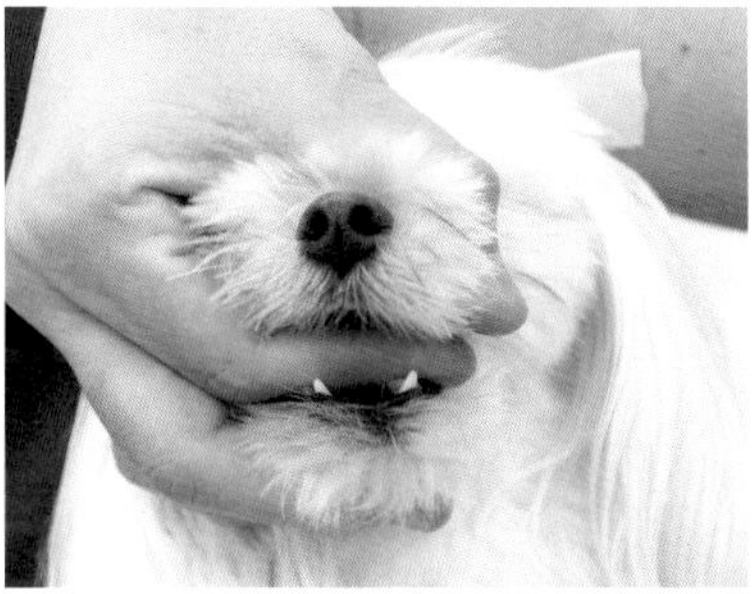

9 噛みぐせがない犬なら、マズルを上から軽く握って犬歯の後ろに人さし指を入れ、内側をみがくために口を開けた状態をキープします。

memo

歯みがきは1〜2分で終わらせましょう。長時間のケアは犬にとってつらいもの。「完璧に全部の歯をみがかなきゃ！」と思い詰めず、その日にできるところだけでかまいません。嫌がるようなら、ひとつ前のステップに戻って、焦らずにやり直してみてください。

マルチーズのためのマッサージ

体をほぐすマッサージは健康維持にもつながります。
愛犬と飼い主のスキンシップとしてもおすすめ。

マッサージの効用

中医学に基づいた
ドッグマッサージの
目的と効果とは？

ここでご紹介するのは、中医学の「経絡《けいらく》とツボ」の考え方を利用したマッサージ。中医学では、「気」（エネルギー）という概念があり、それが体全体を巡るための通り道を「経絡」と呼び、その周りにあるのが「ツボ」です。

気が活発に体内を循環すれば、体の凝りが緩和したり、体調が整うなどの効果が期待できます。「ツボマッサージ」とは、「経絡の周りに点在しているツボを刺激することで気の流れを促進し、結果として体の不調が改善される」というものなのです。

マルチーズに多い体の不調も、マッサージで改善を目指すことができます。まずは、愛犬とのスキンシップを楽しむつもりで始めてみてください。

memo

マッサージは医療行為ではありません。愛犬の体や体調に異常があるようなら、まずは動物病院で診てもらいましょう。

涙やけ改善

涙を排出させて
涙やけを予防します。

古くなった涙は鼻涙《びるい》管を通って排出されます。ところが、これが狭いと涙が詰まってしまうことがあります。涙が目からあふれると、濡れた被毛で雑菌が繁殖し、茶褐色に変わって涙やけとなるのです。涙やけ対策のマッサージでは、目の周りのツボを刺激することで涙の通り道を広げて詰まりにくくするのが目的です。

目の周りのツボ

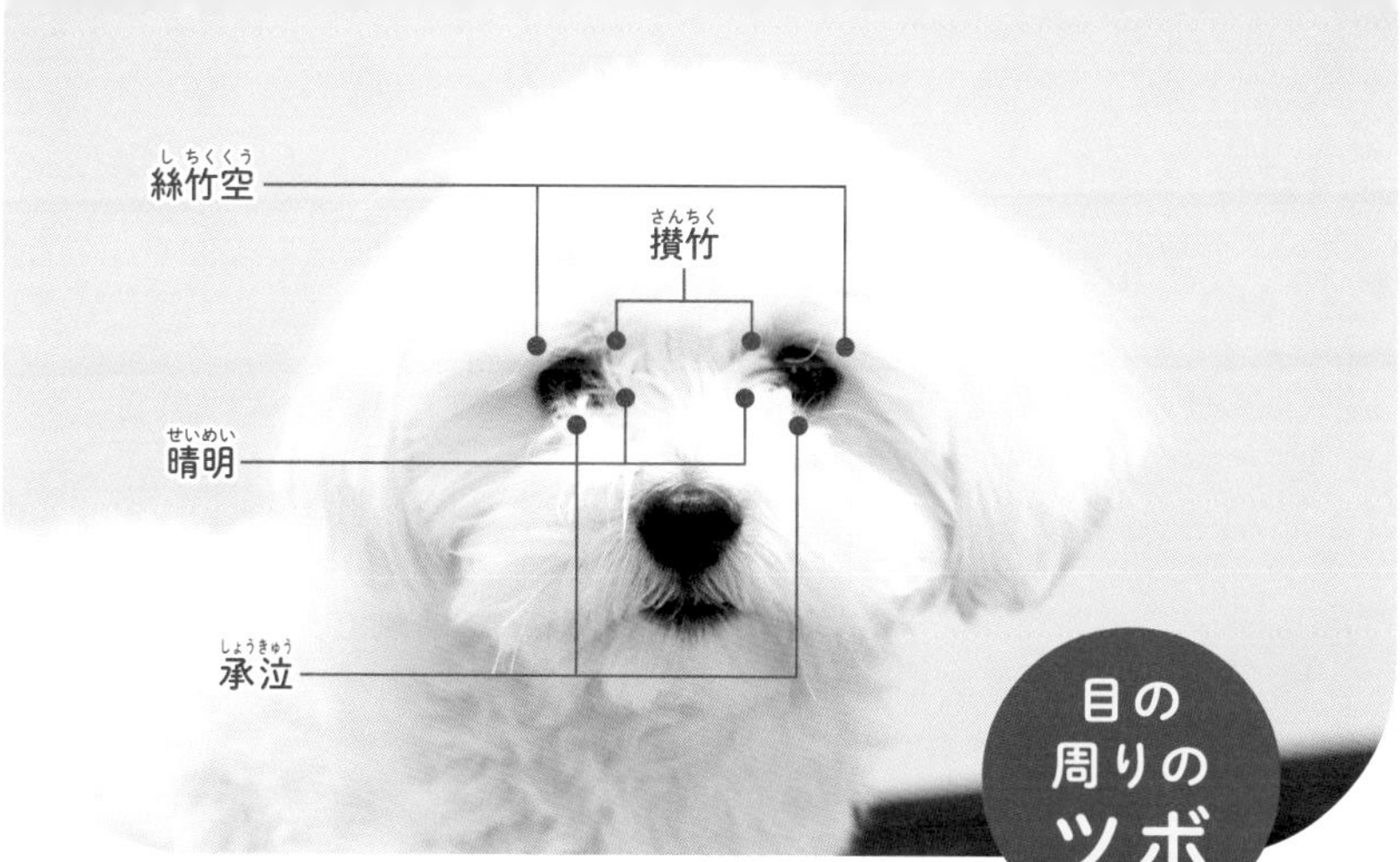

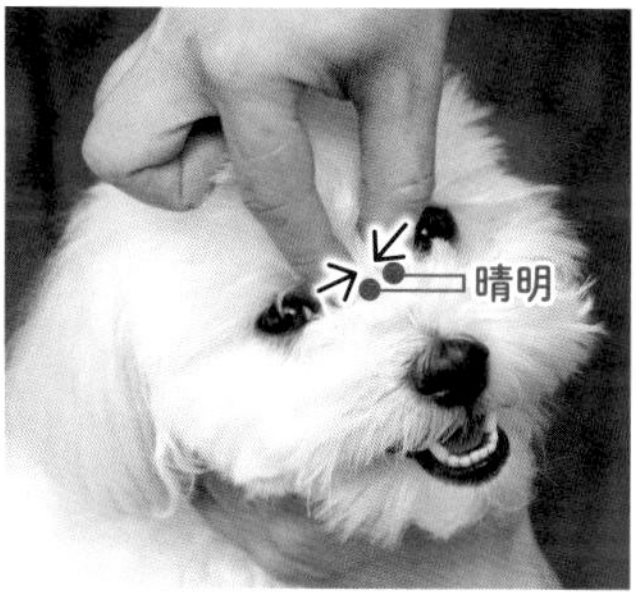

1 両目の目頭のあたりにある「晴明」というツボをほぐします。親指と人さし指で眉間をつまみ、やさしくもみます。目が疲れたときに自分でほぐすときのもみ方をイメージして。

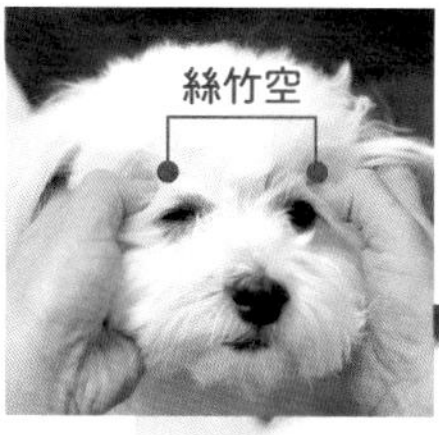

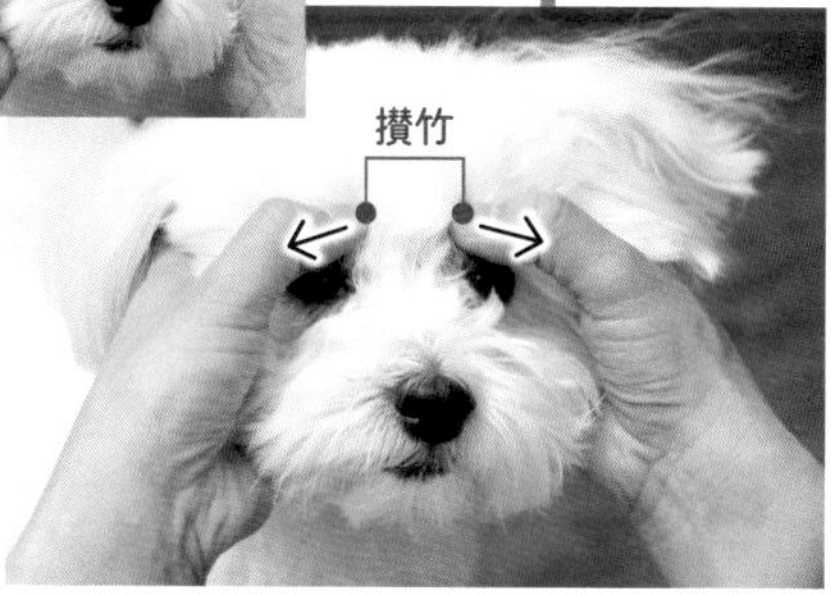

2 「晴明」から指１本分ほど上にある「攢竹」と、眉尻のあたりにある「絲竹空」を結ぶように親指をすべらせます。親指以外の４本の指で、頭をしっかり支えましょう。

3 「晴明」と、目の下にあるツボ「承泣」を結ぶように、目の下側の縁に沿って親指をすべらせます。

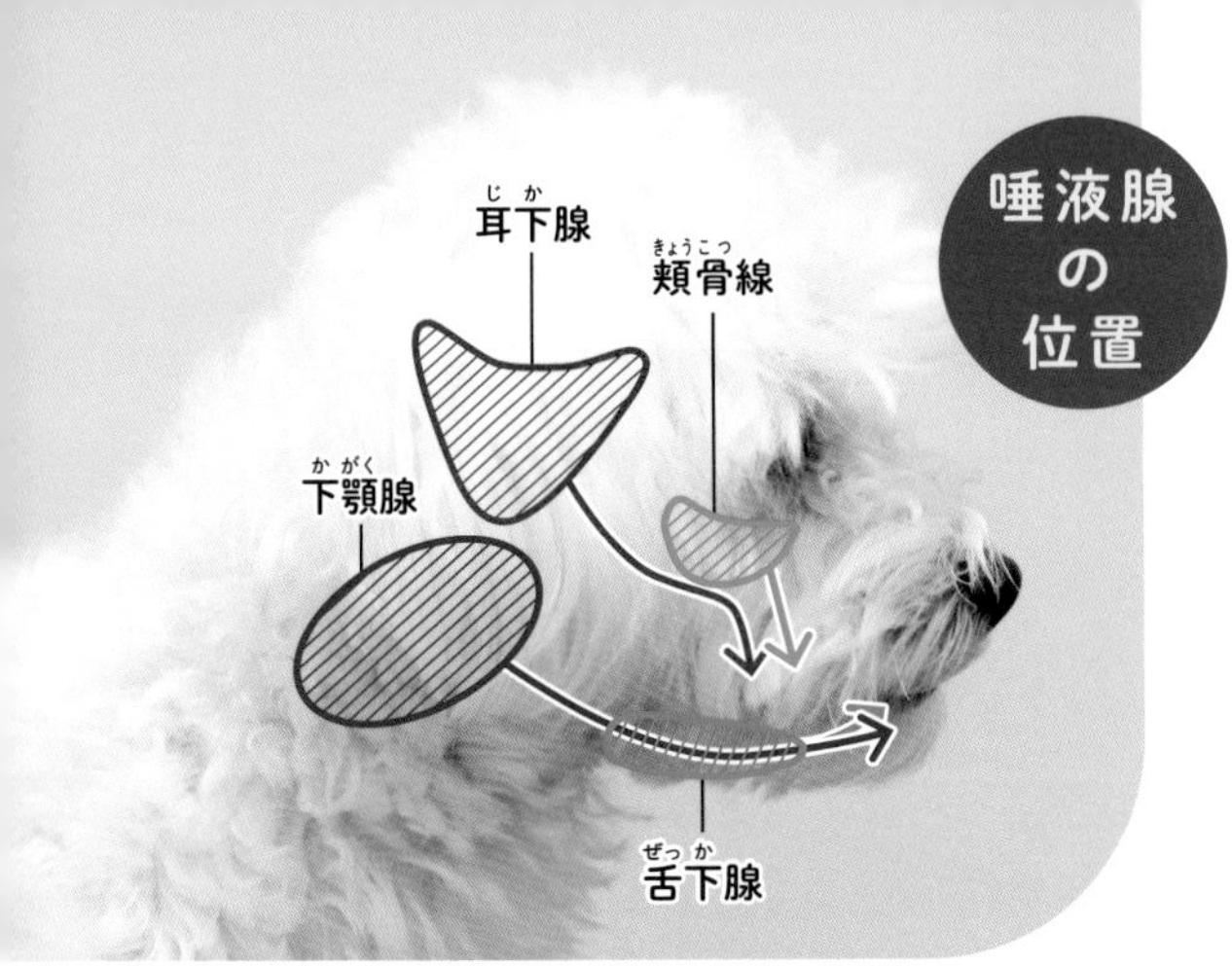

歯周病予防

歯周病予防に
役立つとされる
唾液の分泌を
促進します。

歯周病の最大の予防となるのはやはり歯みがきですが、歯みがき以外で注目したいのが歯周病を防止する力がある「唾液」。4つある唾液腺（耳下腺、下顎腺、舌下腺、頬骨腺）の導管をマッサージによって広げ、唾液がよく出るようにします。

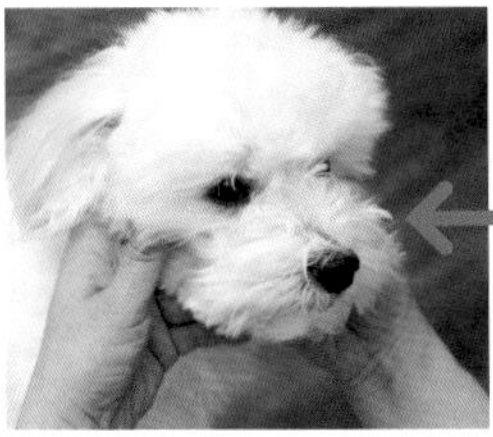

1

まず、耳下腺の唾液腺と開口部（唾液が出るところ／上側の犬歯の少し後ろあたり）を結ぶ導管を広げます。開口部から耳の付け根に向かって、なぞるように親指をすべらせます。

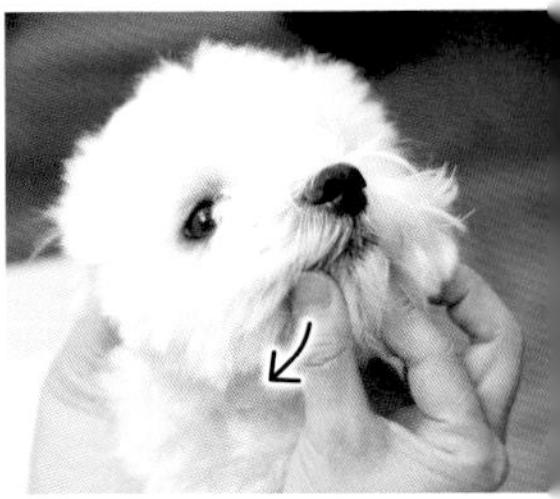

2

下顎腺と開口部の導管を広げます。親指と人さし指で下側の開口部をつまみ、後ろへ指をすべらせます。

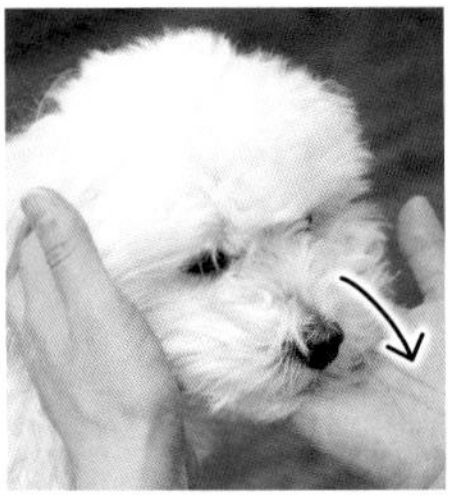

3

舌下腺と開口部の導管を広げます。手のひらをそっと首元に当て、下顎をなぞるように手前に引いていきます。

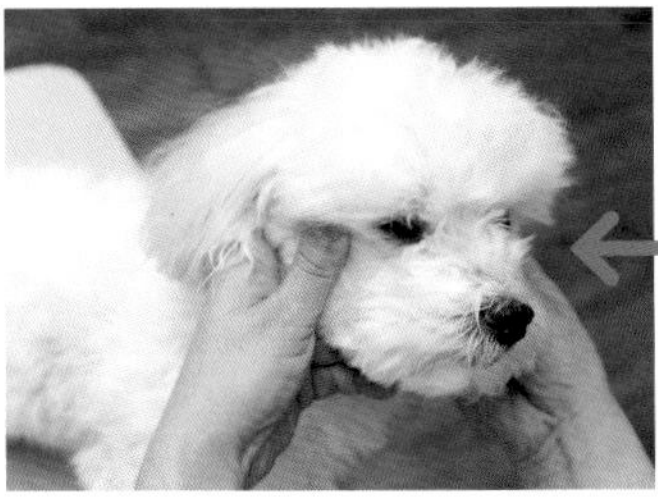

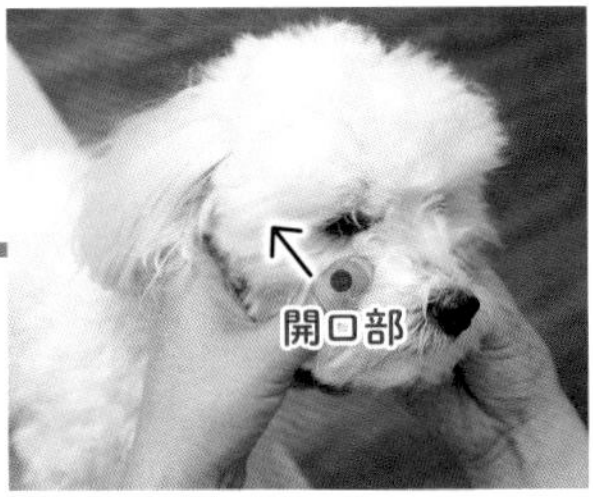

4

頬骨腺と開口部の導管を広げます。上側の犬歯のやや後ろあたりから親指で頬骨をなぞるようにすべらせます。

5 耳下腺を刺激します。耳をめくり、耳の付け根のあたりを3秒カウントしながら押し、そのまま3秒ストップ。また3秒かけて指を戻します。

6 下顎腺を刺激します。⑤よりも下がったところに人さし指と中指の2本を当て、「の」の字（500円玉大のイメージ）を書くようにもみます。

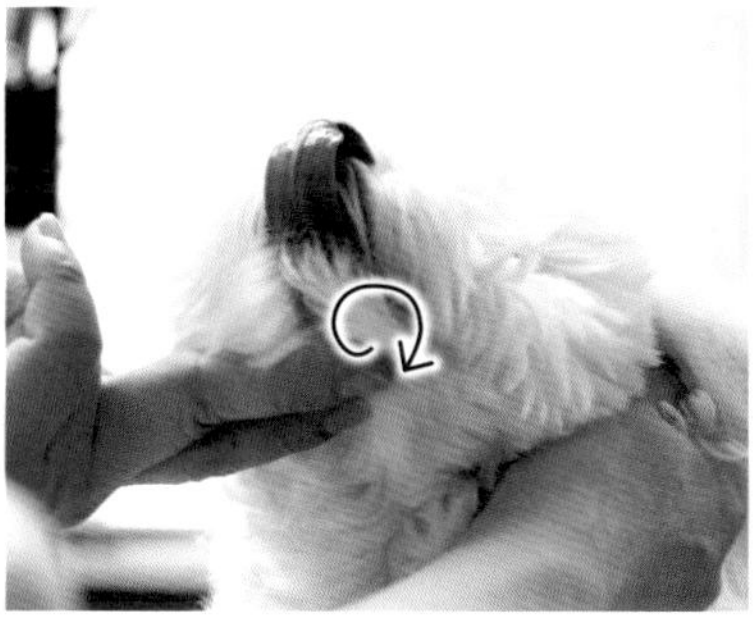

7 舌下腺を刺激します。下顎に人さし指と中指を当て、⑥と同様に指を動かします。

8 頬骨腺を刺激します。目の下の縁から指1本分程度下がったところに親指を当て、⑥⑦と同様に指を動かします。

肩凝り解消

肩周辺の硬くなった筋肉をほぐし、疲れを取りのぞきます。

犬は四足歩行をするため、つねに肩の筋肉を使っています。また、とくに小型犬は飼い主さんを見上げる体勢をとることが多く、首~肩が疲れやすいもの。凝りを放置すると気の流れが滞り、健康トラブルを引き起こすことがあるのです。愛犬の健康キープのためにも、マッサージでほぐしてあげましょう。

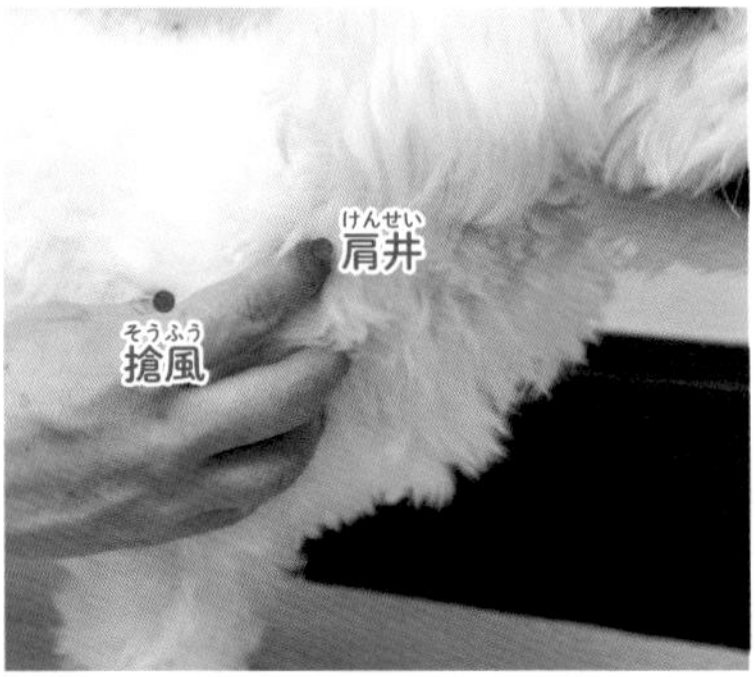

1 親指以外の４本の指を脇のあたりにある「肩井」に当て、肩関節の後ろ側の筋肉のくぼみにある「搶風」に親指を当ててやさしくもみます。

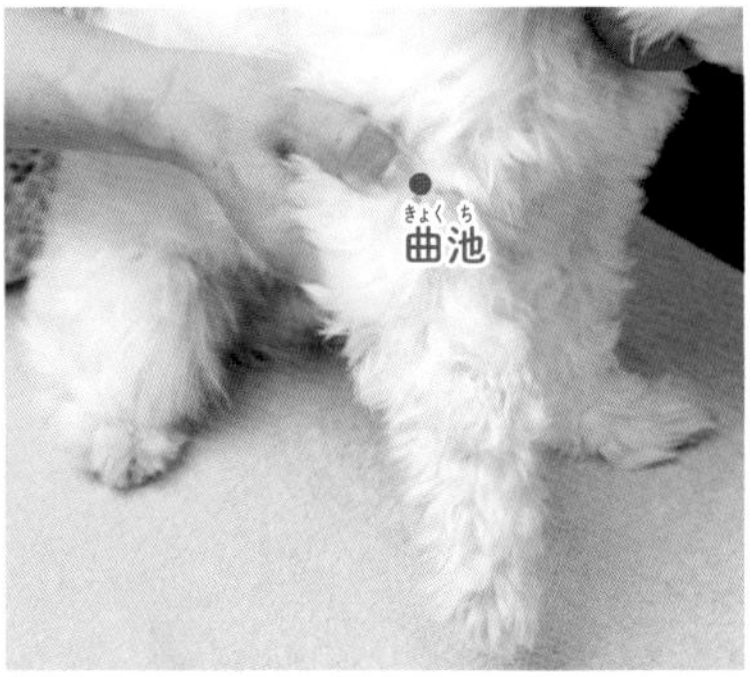

2 肩凝り解消に効果的なツボ「曲池」を押します。肘関節の外側を親指でゆっくり押します。

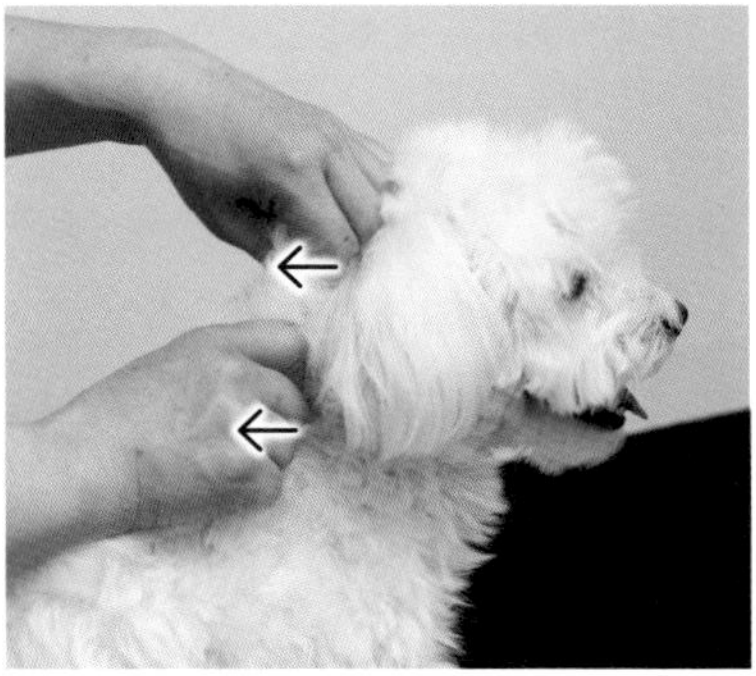

3 片手で後頭部、もう片方の手で首の付け根付近の皮膚をつかみ、後ろに向かって引きます。約10秒程度で戻します。

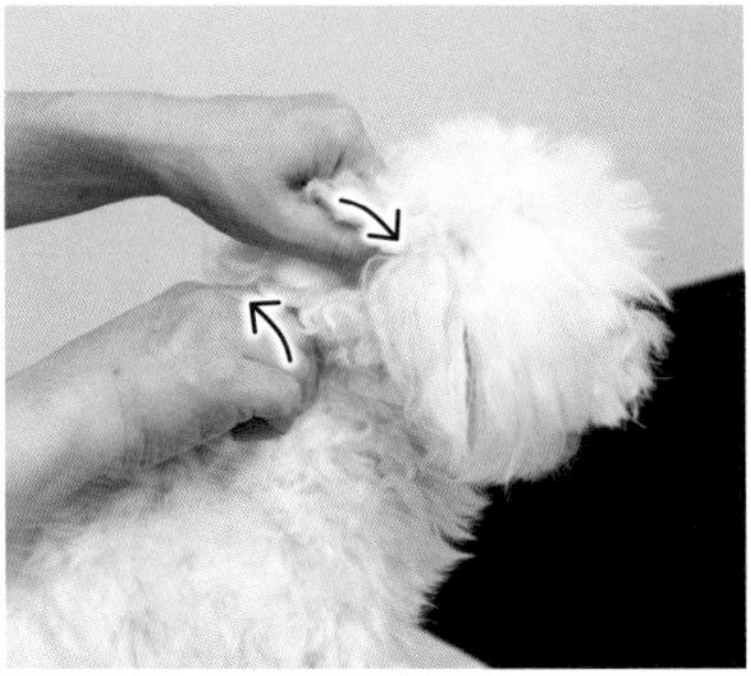

4 首の皮膚をゆっくりとねじります。③の状態のまま、両手首をひねるようにして左右にねじってください。

内臓の調子を整える

背中にある内臓に通じるツボを刺激して、内臓の健康を保ちます。

背中には生殖器とかかわりが深い督脈《とくみゃく》（お尻から背中を通って鼻先までをつなぐ経絡）や、泌尿器と密接な関係のある膀胱《ほうこう》経（目頭～背中～お尻を通って後ろ足の外側～小指の外側までをつなぐ経絡）といった経絡が通っています。つまり、背骨の上と両脇には内臓に通じるツボがたくさん存在するということ。マッサージでそれらを刺激して気の流れをスムーズにし、内臓の調子を整えましょう。

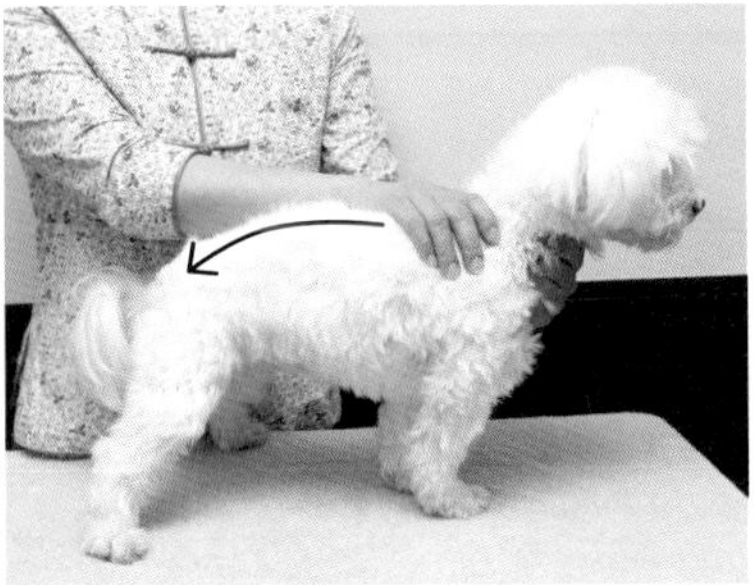

1 まずは背中を手のひらでさすります。首の付け根〜しっぽの根元まで前から後ろへやさしく手をすべらせます。

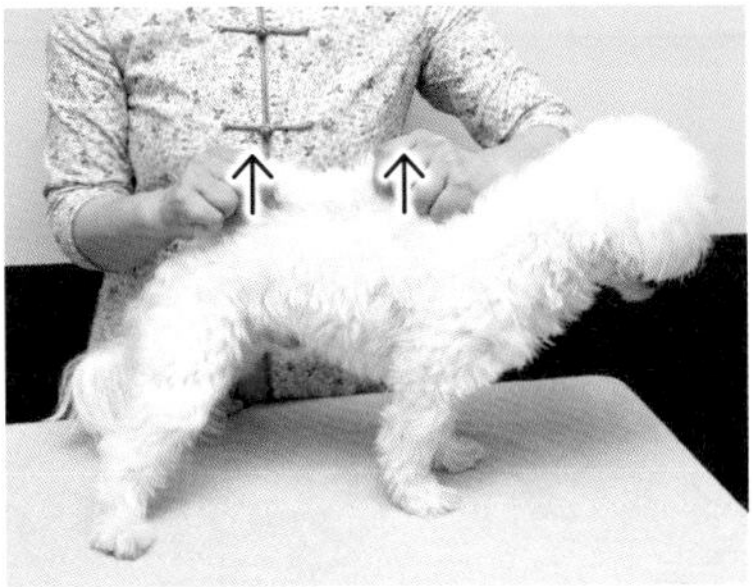

2 背中の皮膚を引き上げます。首の付け根あたりと腰の上の皮膚を持ち、真上に引き上げます。

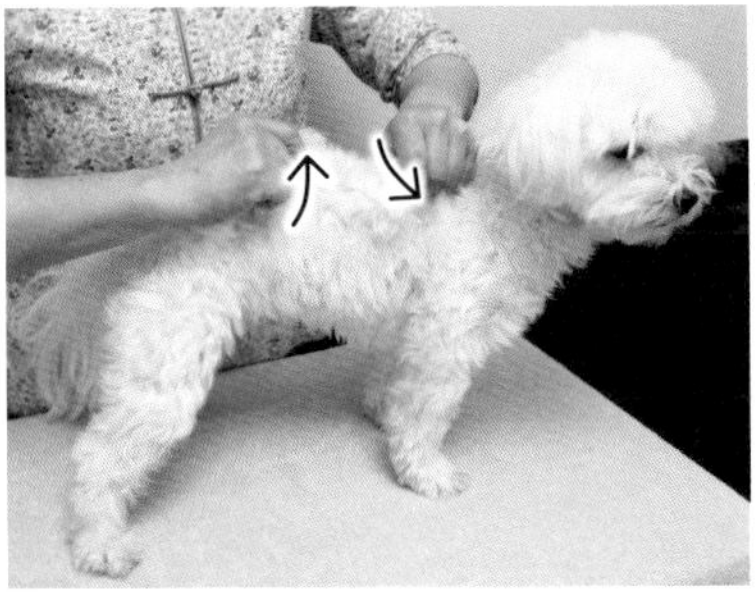

3 背中の皮膚をゆっくりとねじります。②の状態のまま、両手首をひねるようにして左右にねじりましょう。

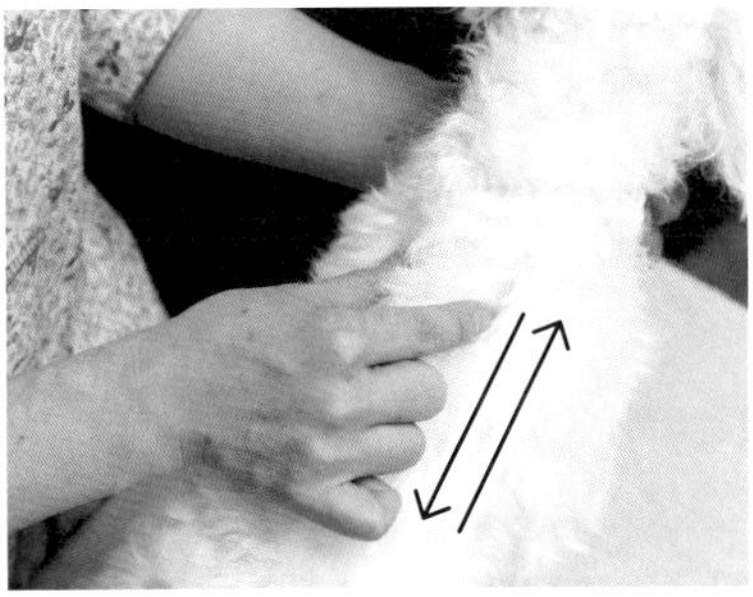

4 背骨の両脇にある経絡を刺激します。親指と人さし指で背骨を挟み、なぞるように前後に指を動かします。

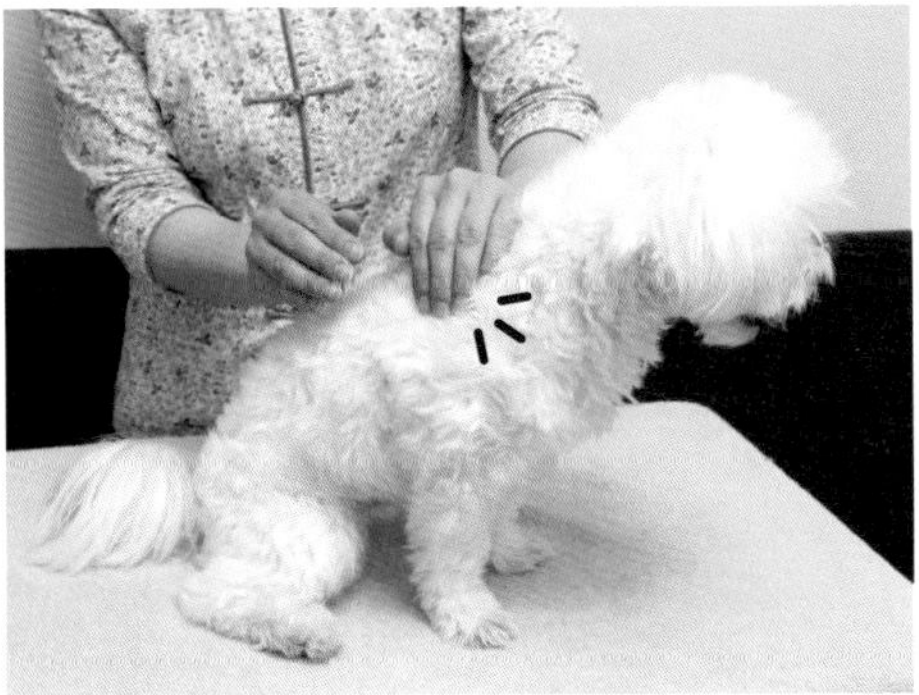

5 振動を与えて、リンパの流れを促進させます。手のひらを水をすくうときのように丸くし、背中全体を軽くたたきます。

memo

体が冷えると血行が悪くなり、病気の原因になるのは人も犬も同じです。足裏が冷たくなっていたら、体が冷えている証拠。そんなときに、家でも手軽に体を温めてあげられるのが「足湯」です。たらいに40度程度のお湯をため、足を浸けてあげてください。

マルのワンポイントおめかし

お出かけや記念日、お客さんが来るときには
ちょっとおめかししてみては。
繊細な被毛を傷めないよう、ていねいに扱いましょう。

おめかしの極意

かわいいスタイルを
キープするための
ポイントです。

リボンやアクセサリーがよく似合うマルチーズ。トリミングサロンで付けてもらうことがよくあるのではないでしょうか。自宅でもチャレンジしたいという人のために、おめかしの簡単テクニックをご紹介します。

1 “そのまま放置”はNG

トリミングサロンで付けてもらったリボンなどをそのままにしていると、毛がもつれて毛玉になったり引っかかったりとトラブルの原因になります。こまめにほどいて結び直しましょう。

2 おめかしは、やさしく手早く

リボンやエクステンションを付けるのは、耳や目に近い顔周りの繊細な部分。無理に毛を引っ張ったり長時間いじっていると、犬はさわられることを不快に感じてしまいます。おめかしは、テキパキとスムーズに進めましょう。

3 あくまで生活しやすい範囲で

リボンを付けたりトップノット（頭頂部で結んだ毛束）を作ることで、犬の視界が狭くなるなど、生活に支障が出てしまっては困ります。あくまで生活しやすいスタイルでおしゃれを楽しむのが基本。アクセサリーなども、負担にならないものを選びましょう。

トップノット

毛を直接ゴムで
結ぶので、
からまりに十分
気を付けましょう。

1 リングコームの柄(もしくはふつうのコーム)で、目尻の少し上～耳の後ろ側の付け根のラインより上の毛を丸く取ります。

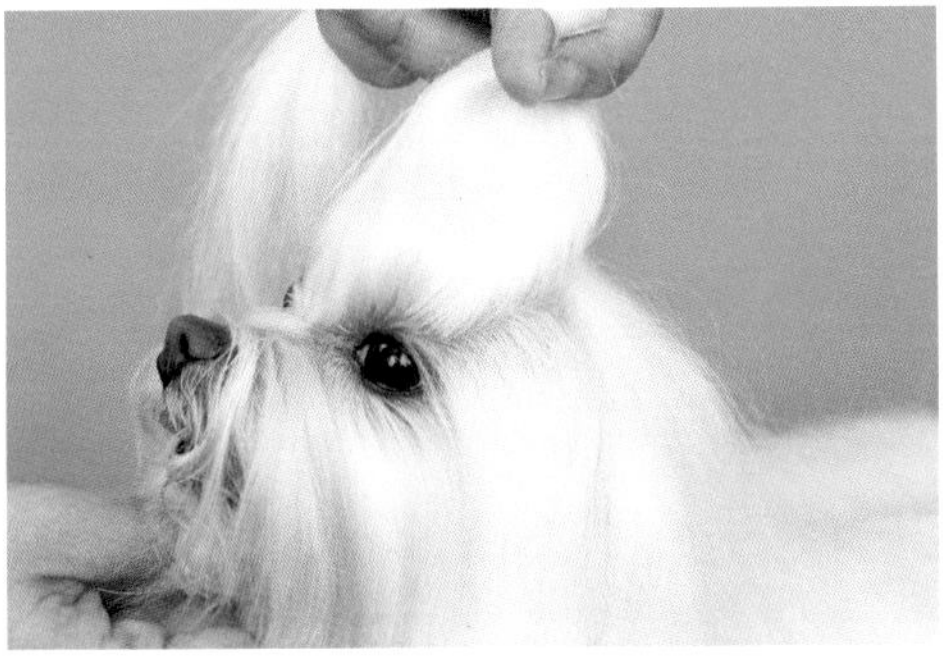

2 ①で取った毛を、左右合わせて頭頂部(頭のいちばん高いところ)でまとめます。

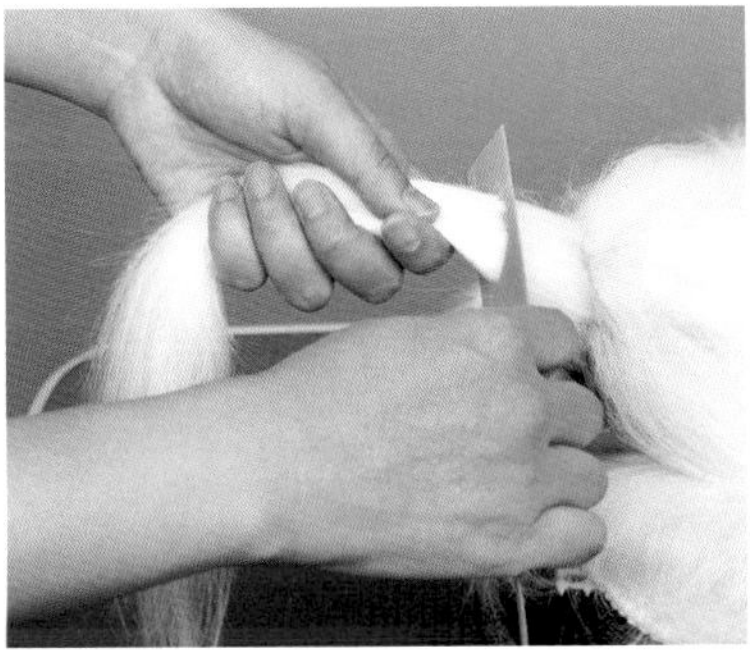

3 リングコームで手前に向けてとかします。

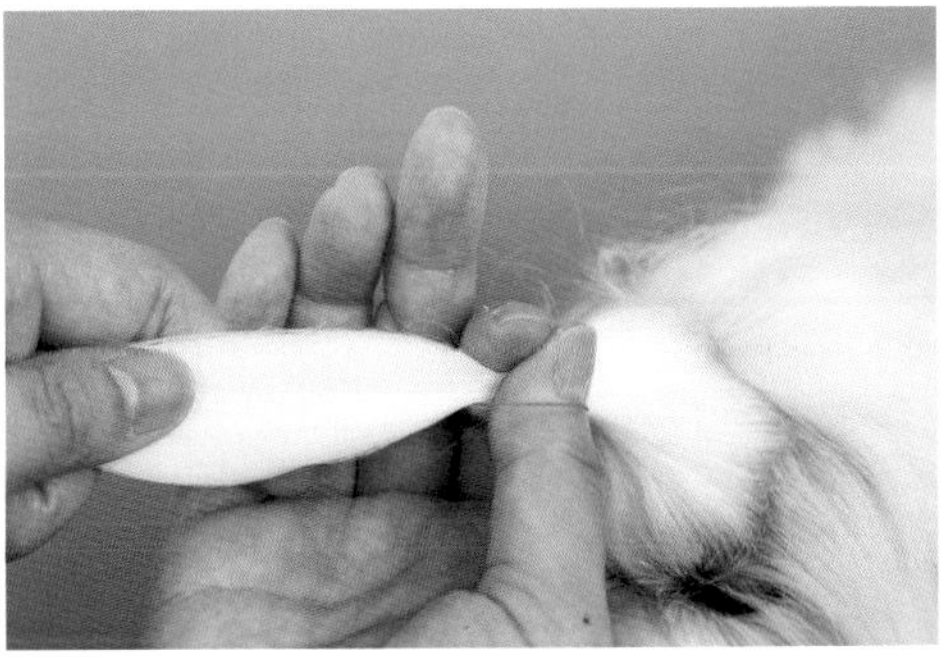

4 まとめた毛をゴムで結び、毛先は左右～後ろへ流します。

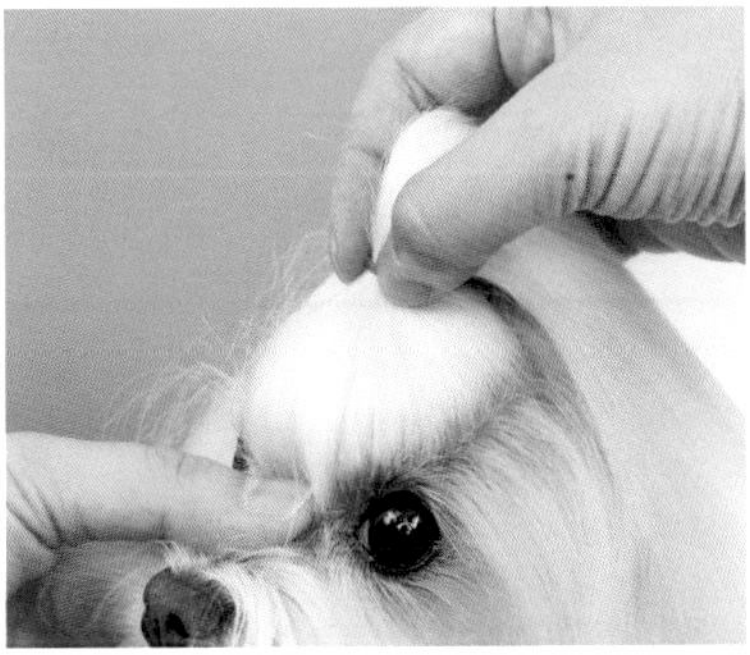

5 毛が引っ張られていないか、バランスが悪くないか正面からチェックします。

memo

結んだゴムを取るときは、ハサミでゴムをカット。無理に引っ張ると毛がからまり、抜けたり切れたりしてしまいます。ハサミの刃先をゴムに引っかけ、皮膚に当たらないよう注意して切ります。ゴムは使い捨てと考えましょう。

6 ⑤までの作業が終わった状態。さらにリボンを付けたり、エクステンションで飾ったりとアレンジできます。

リボン

おしゃれの定番の
リボンを付けるときには、
ラッピングペーパーという
特殊な紙を使います。

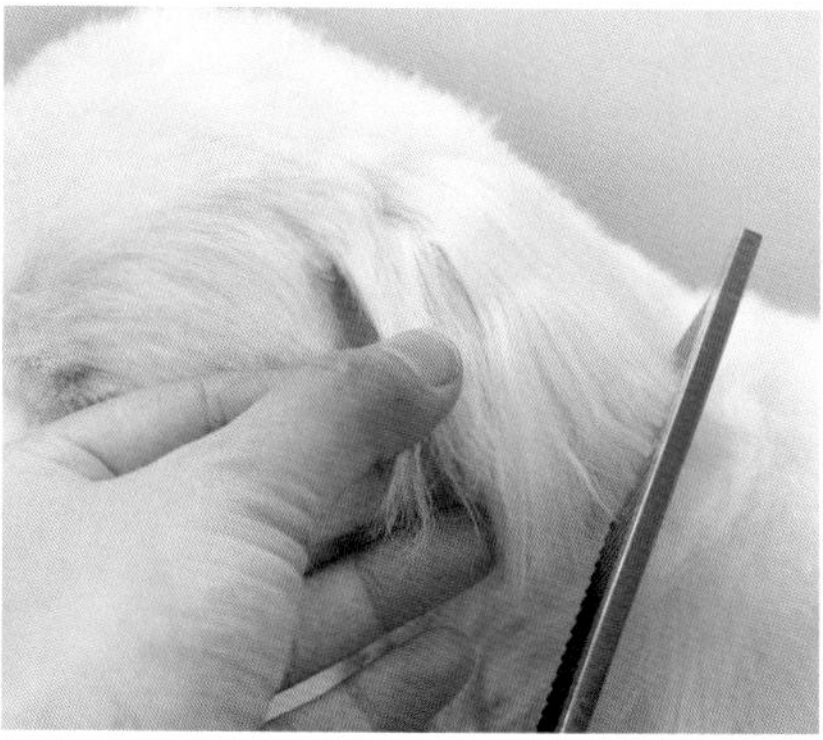

1 耳の毛をコームでとかします。リボンを付ける耳の付け根側からていねいに。

2 ラッピングペーパーに折り目（右の図参照）を付けます。

ラッピングペーパーの折り方

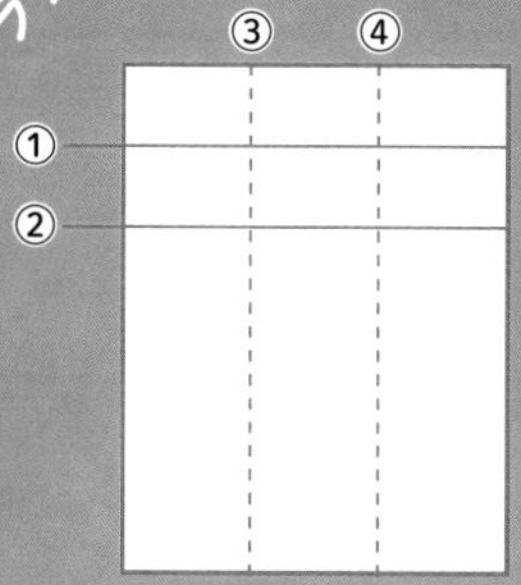

ラッピングペーパーは、被毛を保護するための包み紙。毛を巻く前にあらかじめ折り目を付けておきましょう。図の①②は折ったまま、③④は折り目を付けて再び開いておきます。

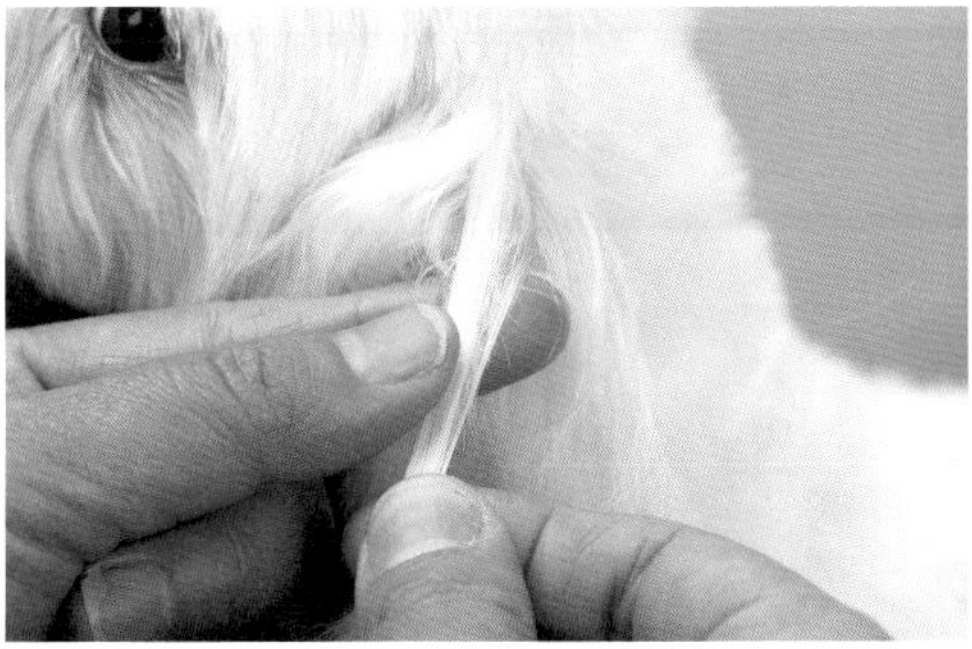

3 耳の幅の真ん中あたりの毛を、写真くらいの毛束にして取ります。

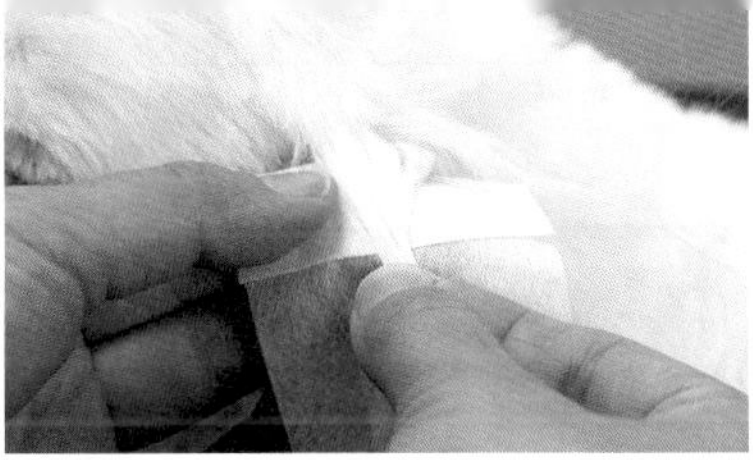

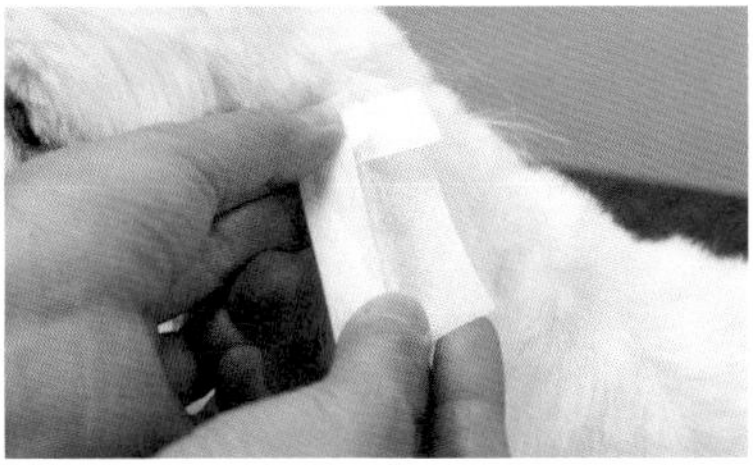

4 ②で折ったラッピングペーパーを毛束の下側から当てて、折り目に従って毛を包みます。

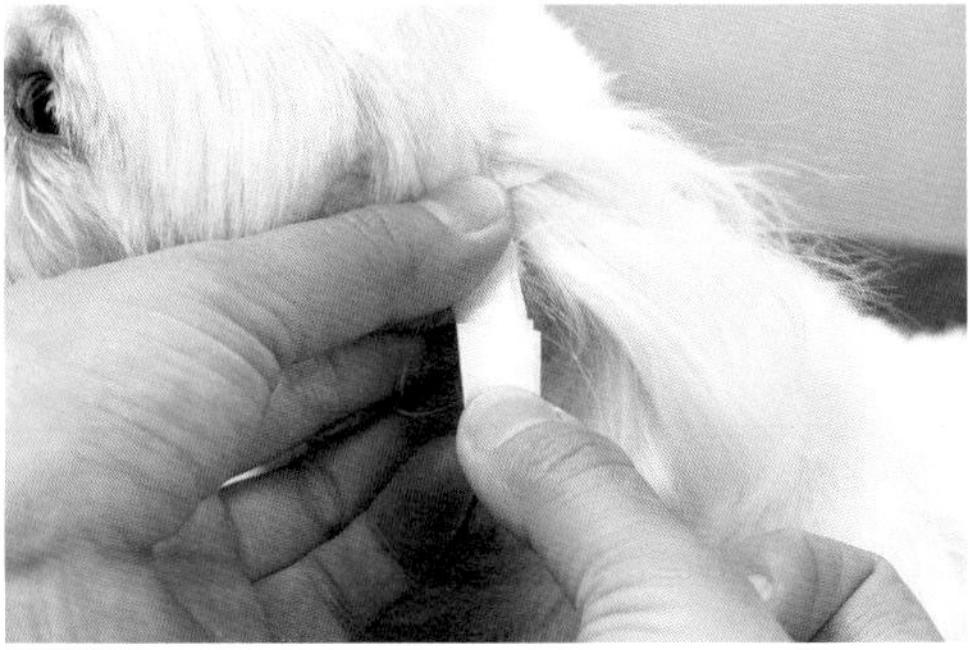

5 ラッピングペーパーを、毛先側から根元に向かって２回折ります。

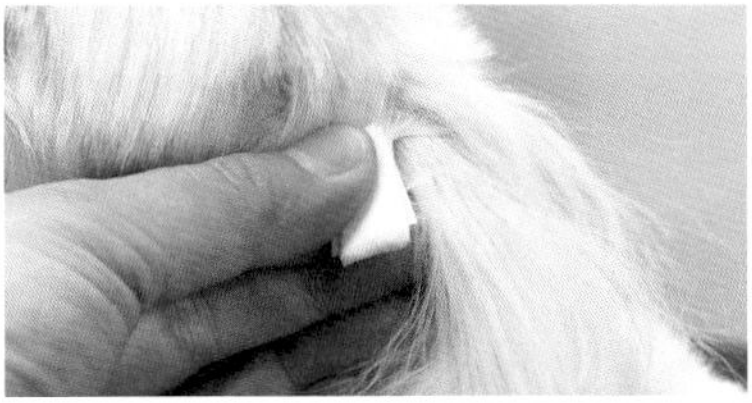

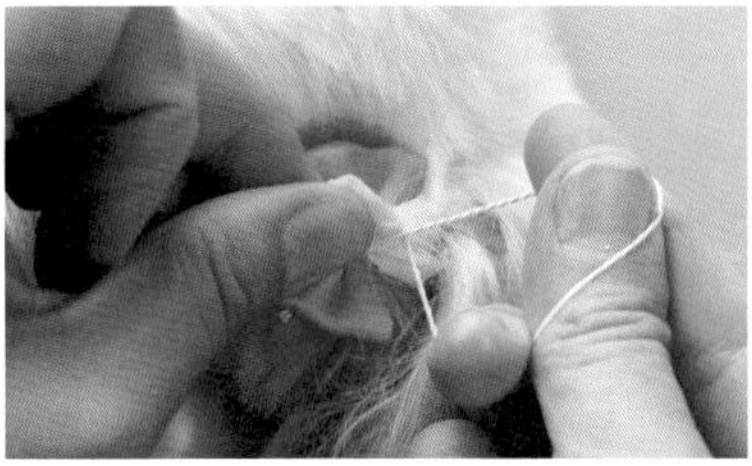

6 ⑤でまとめた部分に、リボンのゴムを留めます。

7 完成です。正面から見て、左右のバランスを確認しながらリボンを付けましょう。

memo

ラッピングペーパーは10×40㎝程度の大きさのものが多いようです。入手方法は、ペットショップやトリミングサロンに問い合わせてください。ネットショップでも購入可能。

カット・スタイル8選

とびきりかわいい、とっておきの8スタイルを集めました。
トリミングサロンでのオーダーの参考にしてください。

トップ〜耳の毛を長く伸ばした、上品なスタイル。トップノットのリボンを付け替えれば、おしゃれを存分に楽しめます。

ボディは短めに。
足はふんわり
裾広がりにして
女の子らしさを
演出しています

こぐまのぬいぐるみをイメージして、全体的にふんわり仕上げ。
無垢な愛らしさとはつらつとした表情が引き立ちます。

ぽってり感のある
フォルムを意識し、
足は太めに
カットしています

Style 2

ちょっと飛び出たモヒカンでボーイッシュに。
お手入れしやすいよう、ボディや足先は短くしています。

汚れやすい足先は
バリカンで刈り、
上から毛をかぶせて
カバー

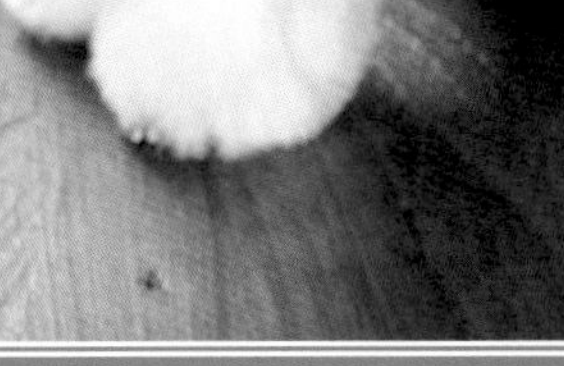

Style 3

ボディの毛を長めに残し、あえて不ぞろいにしてふわふわ感を出しています。
大きめに作った丸い顔とのバランスも○。

ボリュームのある
顔やボディと
マッチするよう、
足は太く、
足先は丸くカット

Style 4

スタイリッシュなベルボトム風の足がチャームポイント。
ボディは短めなので、ウエアとの相性もバッチリです。

しっぽを
上げたときに、
ふんわりとした丸に
見えるようにカット。
揺れるとさらに
かわいい！

Style 5

マルチーズならではのエレガントな雰囲気を重視。
小顔に作ることでぱっちりとした目や鼻を強調し、キュートに仕上げています。

ボディの毛は地面に着かないぎりぎりの長さでそろえてカット

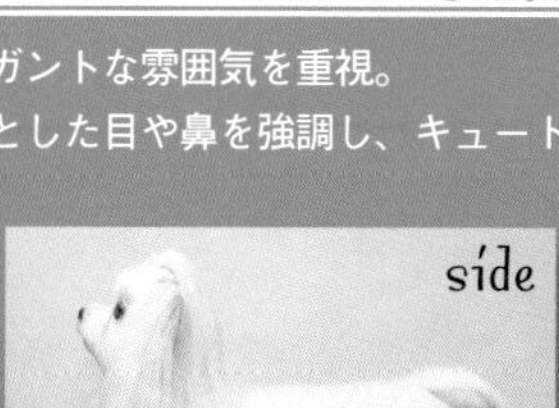

Style 6

女の子らしさを押し出したフェミニンなスタイルです。
耳の毛を三つ編みにするなど、アレンジを楽しみたい人におすすめ。

ボディは
皮膚が透けない程度の
長さで短くして、
太めに作った足と
メリハリを
付けています

Style 7

子犬のようなあどけなさがとってもチャーミング。
動きやすさとふわもこ感を両立させているので、アクティブな男の子にぴったりです。

ボディは
短くしすぎず、
全体的にラフに
仕上げています。
毛量が少なくても、
やわらかい印象に!

Style 8

マルコラム
2

マルチーズのお仲間たち

マルチーズとは切っても切れない縁を持つ
犬種をご紹介します。

マルチーズと同じ地中海沿岸に起源を持つとされ、“親せき”にあたる犬種がいくつか存在します。

まずはウエーブがかかった被毛が特徴的な「ボロニーズ」。イタリア北部のボローニャ地方原産の小型犬です。マルチーズ同様、もともとは貴婦人に飼われた「抱き犬」だった歴史を持ち、現在もイタリアではかなりの人気を誇る愛玩犬です。アクティブな性格で飼いやすいこともあり、ヨーロッパでは広く知られていますが、日本やアメリカではマイナーな存在です。

マルチーズ、ボロニーズ、そしてビション・フリーゼなどは「ビション・ファミリー」と呼ばれることもありますが、ここには「コトン・ド・テュレアール」という、日本人にはなじみのない犬も入ります。通称「コトン」と呼ばれるこの犬は、アフリカ・マダガスカルの原産で、アフリカを植民地としたフランス人らによって見出され、フランス本国で改良を受けて現在の姿となりました。親せきとされるマルチーズとの大きな違いはそのコートで、マルチーズのシルキーコートに比べると、サラサラというよりは綿花（コットンの原料）のようにふわふわでやわらかい感触。ヨーロッパでも比較的珍しい犬種ですが、北欧のデンマークだけは例外。飼育頭数でベスト10入りするほどの人気を誇っています。

ボロニーズはかわいい外見ながら
高い運動能力を持つ。

おおらかな性格で家庭犬に向くと
いうコトン・ド・テュレアール。

写真＊藤田りか子

Part5

マルチーズのかかりやすい病気&栄養・食事

マルチーズの「かかりやすい病気」について
わかりやすく解説します。注意したい病気と
その対策、マルチーズならではの
栄養と食事（薬膳）を知っておくと安心です

マルチーズのカラダ

まず、健康管理で注意したいところをチェック。

涙やけ

被毛が白いこともあり、涙やけが気になりがち。目の周りが濡れていたり汚れていたら、こまめにふき取るようにしましょう。

耳

耳から異臭がしたり汚れが目立つ場合は、外耳炎などのトラブルが起きている可能性があります。ふだんからよく観察し、汚れが気になったときは耳掃除をしてください。

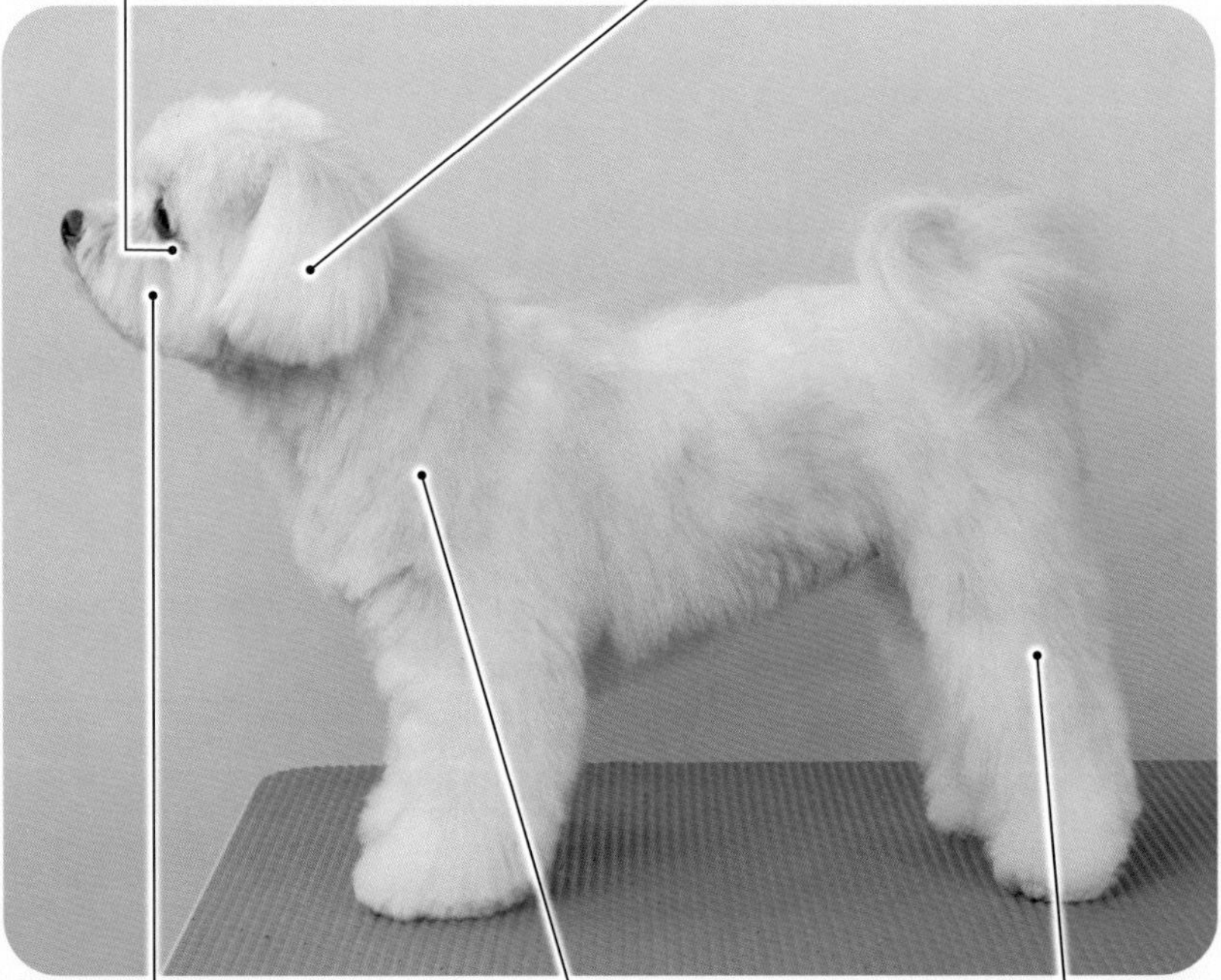

歯

歯ぐきが腫れる、歯がぐらつく、口臭が気になるといった異常が見られたら歯周病（もしくは前段階の歯肉炎）の可能性があるので、早めに動物病院へ。予防のために、歯みがきは毎日欠かさず行いましょう。

心臓

マルチーズは、僧帽弁閉鎖不全症にかかりやすい犬種です。咳をする、疲れやすいなど、愛犬の体調に異変を感じたらまずは動物病院へ。

関節

膝蓋骨脱臼に要注意。関節に負荷がかかるような激しい動きはできるだけ控えさせ、フローリングなど滑りやすい床にはマットを敷くなどしましょう。

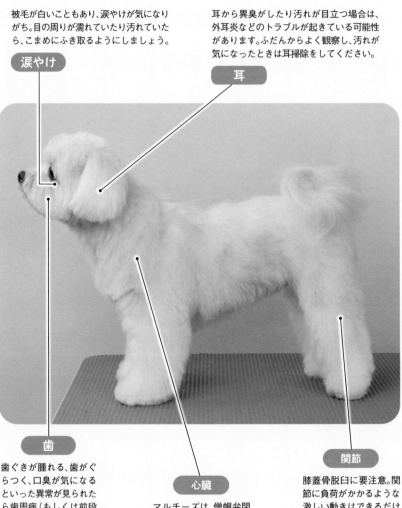

骨・関節系の病気

マルチーズがかかりやすい
主な骨・関節系の病気を確認しましょう。

マルの骨と関節

加齢に伴う
足腰の衰えにも
要注意です。

マルチーズには、とくに骨や関節の病気が多いというイメージはないかもしれません。しかしシニア（10歳以上）のマルチーズを対象とした調査では、約3割の犬が骨・関節系の病気を抱えているという結果もあります。これは、何らかのトラブルが起きていても若いうちはカバーできていたのが、体の衰えとともに表面化したと考えられます。つまり、飼い主さんが気付かないうちに、じつは愛犬が病気にかかっているかもしれないということなのです。

骨・関節系の病気は、放っておいて自然に治るものではありません。加齢やダメージの蓄積によって悪化するので、少しでも早く病気を発見してきちんと治療をすることが、回復へのいちばんの近道になります。ふだんと違う様子や動き方をしていたらすぐに動物病院を受診して、早めにトラブルを発見・対処できるようにしてください。

関節に負担をかける行動

- ジャンプする
- その場でぐるぐる回転する
- フローリングなど滑りやすい床の上で走る
- 飼い主が無理に運動させる
- 肥満になる

病気のサイン

愛犬の行動を注意深く観察しましょう。

骨や関節の病気は主に足腰で起こるため、どうしても歩き方や腰の動きだけに注目しがち。でも実際は、元気・食欲の有無やちょっとした動作にもサインが現れるのです。体を動かすのに支障があるほどではなくても痛みや違和感があるため、「何となく元気がない」、「運動したがらない」という変化につながります。

そうしたサインだけでは骨・関節の病気と直接つなげて考えにくく、また老化によるものと誤解されやすいため、飼い主さんが気付きにくいのが現状です。ふだんからそれほど運動量が多くない犬は、見分けるのが難しいかもしれません。

しかし、「足を引きずる」などのわかりやすい症状が見られるのは、すでに病気が進行したとき。治療をスムーズにするために、また愛犬の苦痛を減らしてあげるためにも、初期の小さな変化にいち早く反応して、動物病院で診てもらうことが大切なのです。左のチェックリストを参考に、愛犬が痛みを我慢していないかどうかを確認しましょう。

さらに、ふだんの何気ない遊びや動作が、骨と関節に負担をかけてしまう場合もあります。とくに骨・関節の病気を抱えている（抱えていた）犬は、運動量や運動のしかたに気を付けないと悪化する恐れがあるので、負担をかけそうな運動は避けましょう。

骨・関節の痛みチェックリスト

- ☐ 散歩に行きたがらない
- ☐ 散歩中は走らず ゆっくり歩く
- ☐ 階段や段差の 昇り降りを嫌がる
- ☐ 階段や段差の昇り降りが ゆっくりになる
- ☐ あまり動かない（遊ばない）
- ☐ ソファーなど 高いところへの 昇り降りをしない
- ☐ 立ち上がるのがつらそう
- ☐ 元気がなくなった ように見える
- ☐ しっぽを 下げていることが多い
- ☐ 寝ている時間が 長くなった、 または短くなった

膝蓋骨脱臼

小型犬は
膝関節のトラブルが
多くなっています。

膝蓋骨（膝のお皿）が正しい位置からずれてしまい、痛みを感じたり、足が曲がってしまう病気です。遺伝的に発症しやすい犬種で、子犬のころから症状が現れるケースが多くなっています。また、事故による足のケガが原因となることもあります。症状が軽いときは、犬が自分でずれた膝蓋骨を戻したりバランスをとったりして歩けるので、飼い主さんが気付きにくいのがやっかいなところです。

ただ、シニアになると体のコントロールがうまくできなくなるため、さらに悪化して歩き方がおかしくなったり、前十字靭帯断裂（膝関節を構成する靭帯のひとつが切れること）につながる恐れもあります。マルチーズは全体の約3割（他犬種の平均の約1・8倍）が発症するとされています。

症状と治療

膝蓋骨が脱臼した状態が長く続くと、足を痛がる、膝関節が抜ける、散歩中に足を伸ばす、後ろ足に力が入らない、極端なX脚やO脚になるといった症状が現れるようになります。

動物病院では、膝への触診やレントゲン検査などを行って診断。症状が軽く痛みがなければ、足に負担をかけない適度な運動で関節の動きを良くしながら症状の改善を目指します。強い痛みがあったり、つねに脱臼している場合は、膝蓋骨を正しい位置に戻してキープするための外科手術が必要になります。

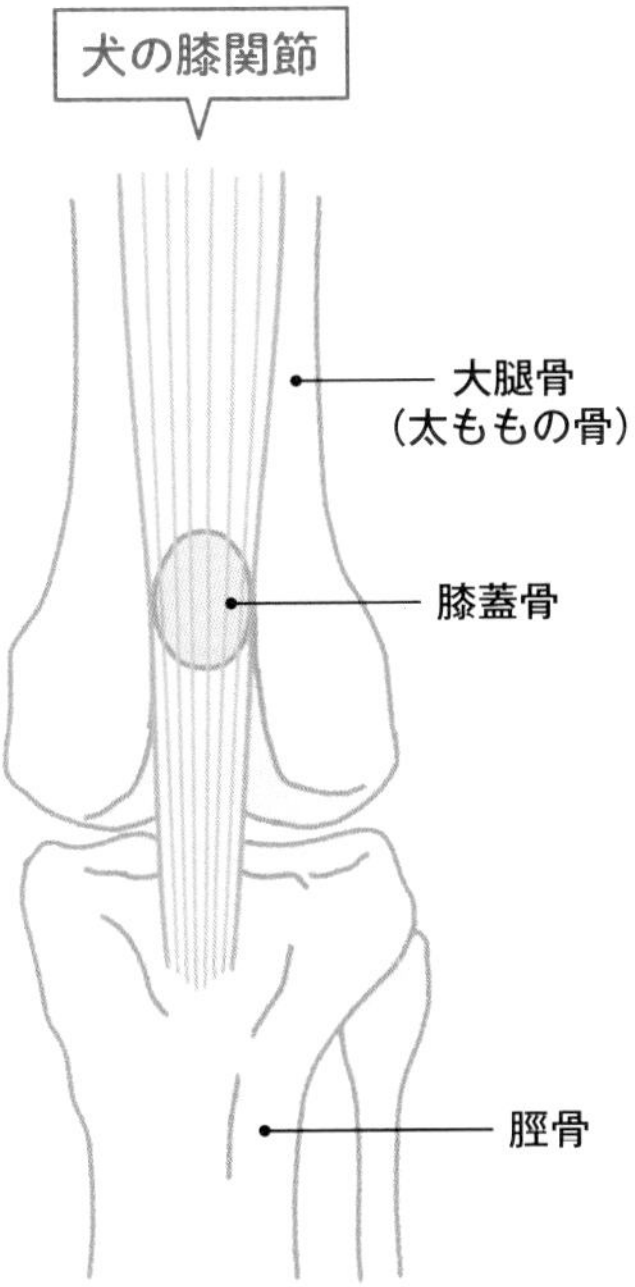

変形性脊椎症
変形性関節症

脊椎のトラブルにも
注意が必要です。

犬の背骨には首~腰までに27個の骨（椎骨《ついこつ》）があり、その中を脊髄が通っています。この骨が何らかの原因で変形し、脊髄を圧迫してしびれや痛みが起こるのが変形性脊椎症です。年を取ると発症のリスクが高くなりますが、若いときに発症することもあります。シニア（10歳以上）のマルチーズの約3割で変形性脊椎症が見られるなど、比較的起こりやすいので注意が必要です。

変形性関節症は、関節で起きた炎症が原因で痛みが出たり、曲げ伸ばしの動作がしにくくなる病気。加齢や、過去にかかった関節の病気が原因で起こります。マルチーズでも、シニアになってから発症する犬が多いようです。

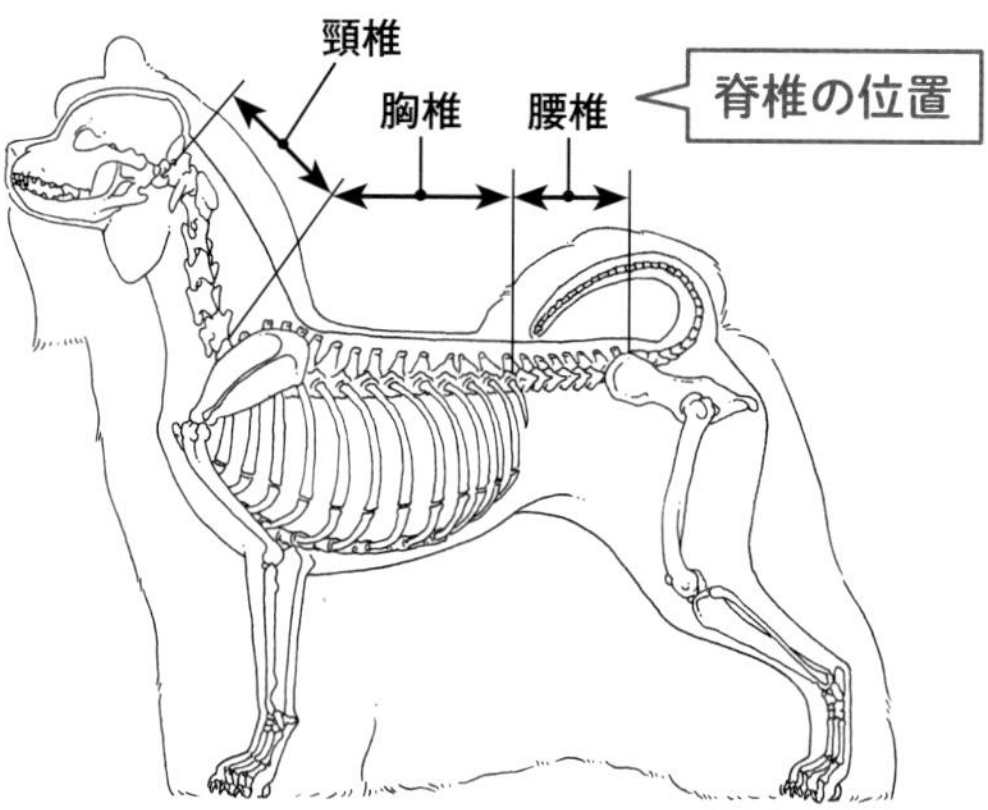

症状と治療

首・背中・腰などをさわると嫌がる、歩き方がぎこちない、足先を引きずったりふらついたりする、突然立てなくなるといった症状が見られます。

炎症を抑える消炎鎮痛剤や関節保護剤を使って痛みをやわらげたり、ダメージを負った関節軟骨の再生を促します。重症の場合は、外科手術の対象となることもあります。

memo

リウマチなどの免疫介在性関節炎も、やや多い傾向があります。この病気はある程度進行してからでないと症状が現れないため、愛犬の動きに異変を感じたらできるだけ早く動物病院を受診してください。

予防とケア

自宅でできるケアを
実践しましょう。

飼い主さんにできるのは、日々の生活で病気になりにくい体を作ることと、発症後のケアとして適切な運動で体を動きやすくすることです。遊びの一環として、簡単なトレーニングを習慣化しましょう。散歩は全力で走るよりも、一定の速度で長時間歩くほうが負担なく筋肉を鍛えられます。

　また、肥満は関節に負担をかけるので、食事にも気を配りましょう。室内の段差をなくす、床を滑りにくくするといった環境づくりも大切です。

室内でできる簡単トレーニング

★エクササイズ用のバランスボールやバランスディスクに一部の足を乗せて、不安定な状態でバランスをとる。

★片足を持ち上げ、残った足だけでバランスをとる。

★プール（ハイドロ）セラピーなど、水中で体を動かす。安全に気を付けた上でなら、家庭のお風呂でもOK（適温のお湯で）

★「オスワリ」→立たせるの動作を何度か繰り返す

※適切なトレーニングや回数・時間（運動量）は、犬によって異なります。
負担にならないように、かかりつけの獣医師と相談した上で行いましょう。

僧帽弁閉鎖不全症

マルチーズで注意したい
心臓の病気について解説します。

原因

病気の特徴について
整理します。

心臓には血液の逆流を防ぐための弁がいくつかあり、左心房と左心室のあいだにある弁を「僧帽弁」と言います。僧帽弁がある左心室・左心房は、全身に血液を送り出すためにとくに強い力が加わるところ。加齢に伴ってダメージが蓄積すると、弁を支える腱索《けんさく》が伸びたり切れたりするほか、弁そのものが少しずつ劣化・変形します（粘《ねん》液腫様変性《えきしゅようへんせい》）。その結果、弁がきちんと噛み合わなくなって左心室から左心房へ血液が逆流してしまう病気が僧帽弁閉鎖不全症です。マルチーズをはじめ、キャバリアやチワワなどの小型犬は心臓病のリスクが高い犬種。6歳以上での発症が多いものの、比較的若いうちに症状が現れ始めるケースもあります。

また、動脈管開存症（本来生後まもなく閉じるはずの動脈管が開いたままになり、全身に送られる血液の一部が肺に流れ込む病気）など、ほかの心臓病が原因で二次的に発症するケースもまれにあります。これは僧帽弁の劣化ではなく、何らかの要因で心臓が肥大化したことによって内側から押し開くように弁と弁のすき間が空いてしまうというもの。その場合は、原因となっている病気を突き止めて治療します。

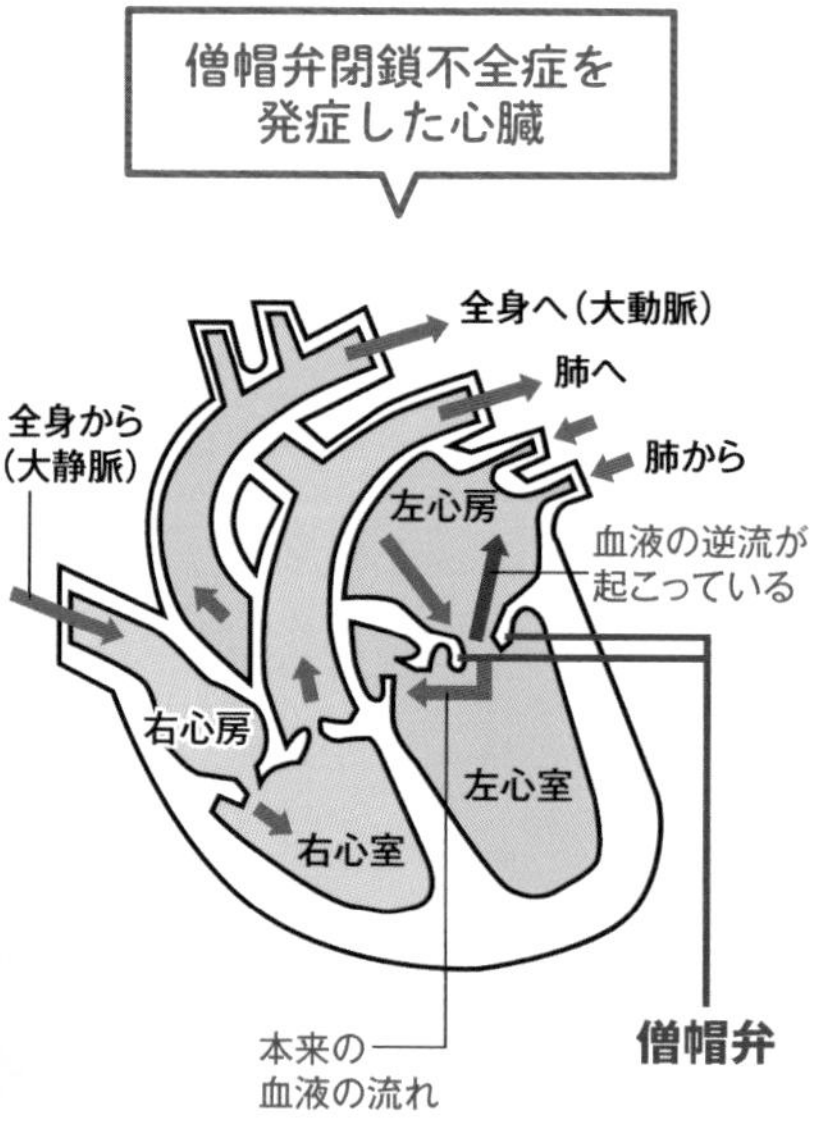

症状

病気のサインを、「シニアだから」と見過ごさないようにしましょう。

症状としては主に次のようなことが挙げられます。老化現象と混同されがちなので、「最近元気がないかも」と思ったらまずは動物病院を受診しましょう。

- 咳をする
- ハアハアと苦しそうに呼吸する
- 疲れやすい
- 運動したがらない
- 突然失神する

血液が逆流すると、「心臓から全身へ送り出される血液の量が減る→体内を十分な量の血液が巡らなくなる→ほかの臓器に異常が起きやすくなる」というように影響が広がります。また、逆流した血液がたまることで心臓が大きくなり、気管をはじめ周りの臓器を圧迫。心肥大を起こして咳をすることもあります。重度になると肺水腫《はいすいしゅ》（血液の流れが悪くなり、肺の中に血液成分が漏れ出す病気）を引き起こす危険性もあります。症状の重さに応じて左のように5つのグレードに分けられ、段階に応じた治療を行います。

ステージ別の症状

ステージ A	心雑音などの症状は見られないが、先天的に発症のリスクが高い
ステージ B1	心雑音があるが、咳や心肥大の症状はなし。治療はせず、定期的な健康診断で経過を見守る
ステージ B2	心雑音があり、心肥大が認められ、咳をすることもある。肺水腫は起きていない。この段階から治療を開始する
ステージ C	心雑音・心肥大に加え、咳や肺水腫などの症状が出ている状態。症状に応じて投薬治療を続け、場合によっては外科手術を行う
ステージ D	ステージCよりも重症化した末期の状態。容態急変の可能性もあるため、入院による集中治療が必要

検査

治療方針を決めるために、
心臓の状態を
詳しく調べます。

最初に獣医師が気付く異変は、聴診時に聞こえる血液の逆流によって生じる心雑音。音の大きさによって6段階に分けられます。

僧帽弁閉鎖不全症が疑われる場合は、心臓が今どのような状態かを把握するために、レントゲン検査で心臓が肥大化しているか、肺水腫が起きているか（肺がきれいな状態か）を確認。加えて超音波（エコー）検査で血液の流れ（逆流しているかどうか）を調べて診断します。

心雑音のグレード

第1度	集中して聴診するとかすかに聞こえる
第2度	かすかだが、僧帽弁のあたりに聴診器を当てるとすぐにわかる
第3度	僧帽弁のあたりに聴診器を当てるとすぐにわかる
第4度	僧帽弁のあたりでなくても、聴診器を体に当てるとすぐにわかる
第5度	犬の胸に手を当てると、何となくざらざらとした感触がわかる（雑音が響いている）
第6度	静かな場所で安静にしている状態だと、聴診器を体から離しても聞こえる

超音波（エコー）写真

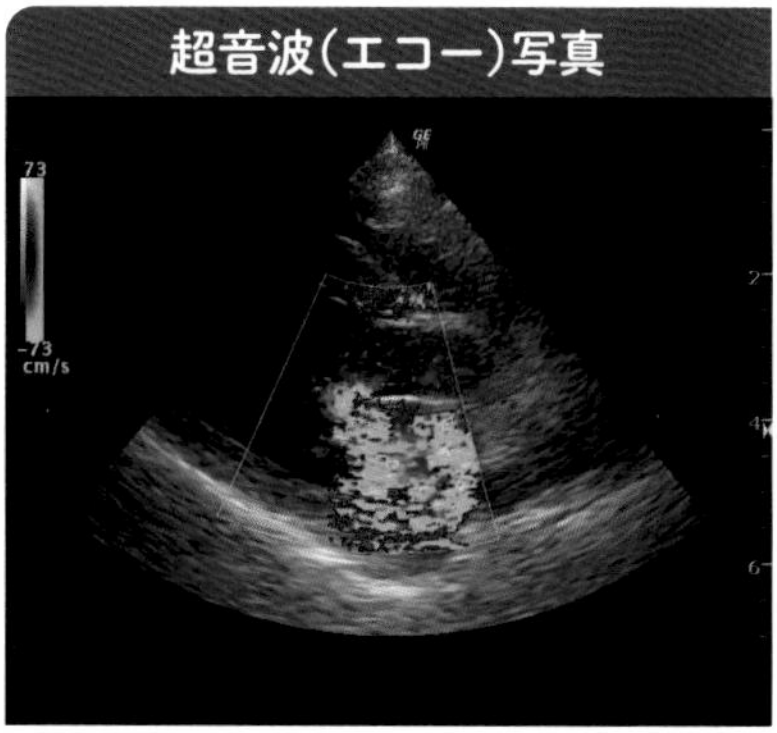

僧帽弁閉鎖不全症を発症した犬の超音波（エコー）写真。赤、青、黄などの色が入り混じっている部分は、血液が逆流していることを示します（乱流）。

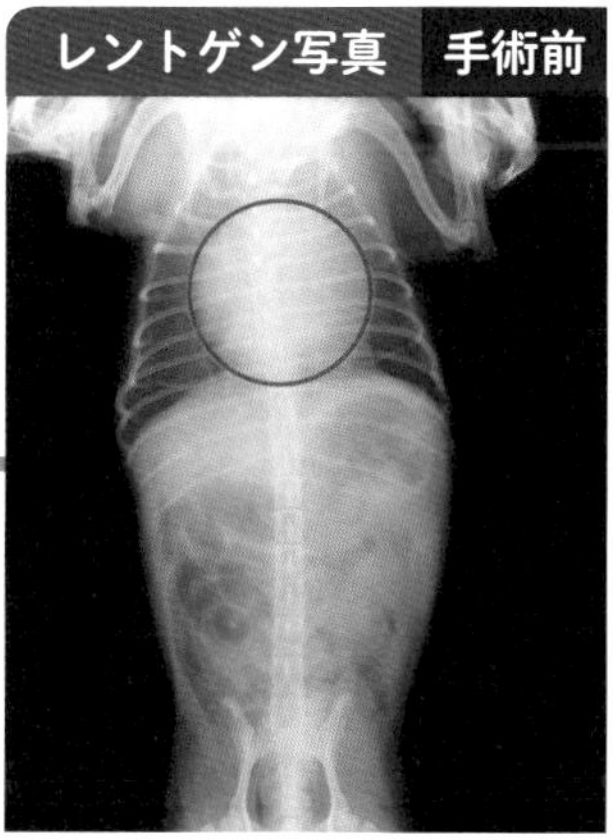

僧帽弁閉鎖不全症の犬のレントゲン写真。赤で囲った部分が心臓で、肥大化して気管や肺を圧迫しています。

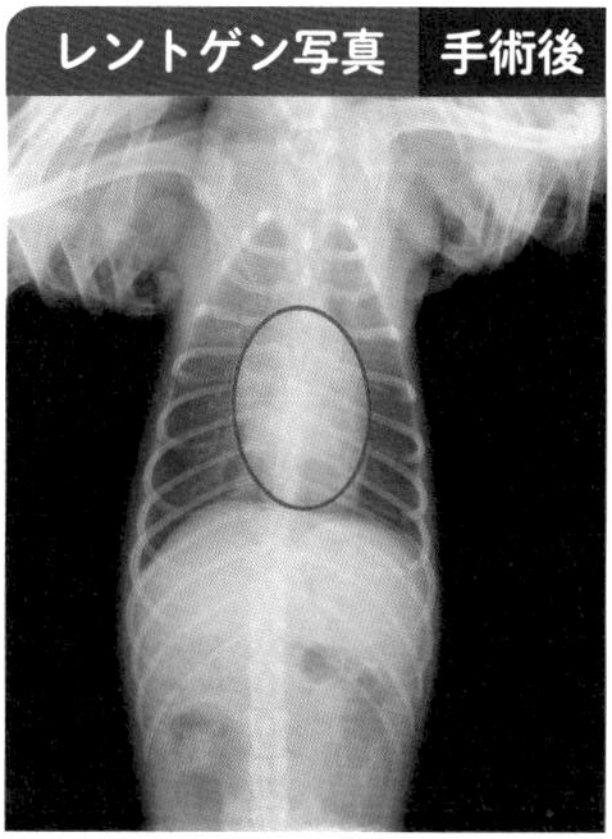

外科手術後に撮影されたレントゲン写真。手術前に比べて心臓が小さくなり、正常な状態に戻っています。

薬の処方

投薬治療で症状を
コントロールする
ところから始めます。

一般的には、ステージB2から症状を抑えるための投薬治療を始めます。犬の体質や病状、持病などによって薬の種類や量を慎重に検討。とくに利尿剤は少なからず腎臓に負担をかけるため、できるだけ処方する量を抑える傾向があります。しかし、薬による内科的治療では進行を遅らせることはできても完治は望めないため、どこかの段階で外科手術を受けるかどうかを考えなければなりません。

治療に使われる薬

強心剤	心臓のポンプ機能に働きかけ、血液を全身に送り出すのをサポートする
血管拡張剤	血管を広げることで血液がスムーズに流れるようにする
利尿剤	尿の排出を促し、体内を循環する血液量を減らして心臓への負担を軽減させる

外科手術

手術で
どのようにして
症状改善を目指すのか
解説します。

投薬だけで症状の進行を食い止められないときには、外科手術という選択肢を考えなければなりません。現在は主に2つからなる手術が行われています（P99）。

手術中は一時的に心臓を止めるため、人工心肺装置で血液の循環を行います。手術全体の所要時間は、麻酔をかけてから目覚めるまで6〜7時間ですが、1〜1時間半程度心臓を止めて処置を行うことになります。

獣医療の進歩によって成功率は格段に上がりましたが、不測の事態も考えられる手術であることや、医療費が高額になることも覚えておいてください。

ほかの病気で手術をするときは？

僧帽弁閉鎖不全症やほかの心臓病の治療中に、心臓以外の病気によって手術を受けなければいけない事態もあり得るでしょう。その際、まずは心臓への負担を考えます。そして、麻酔が可能かどうか、術後の薬の処方をどうするかなど、担当の獣医師同士がしっかり検討します。

腱索再建術

腱索が切れたり伸びたりしている部分を、人工の腱索で補強する。僧帽弁の土台となる部分のぐらつきを直す。

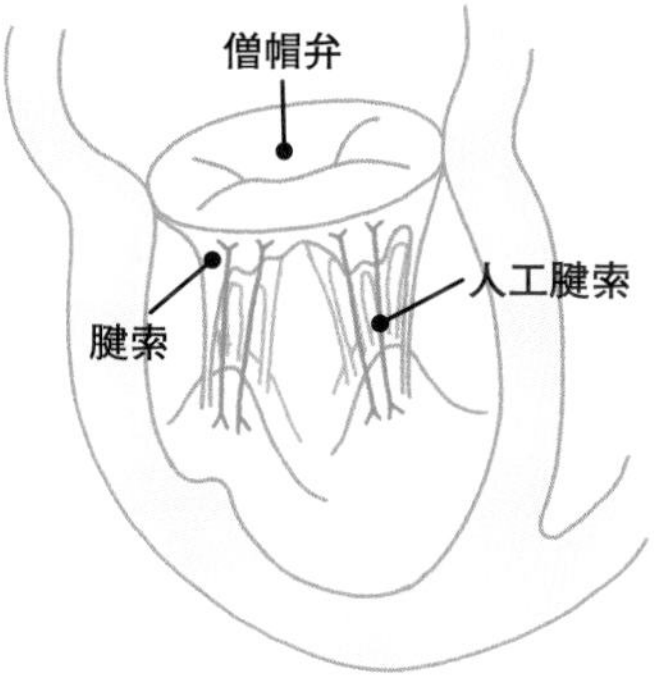

弁輪《べんりん》縫縮術

ゆるんでいる弁輪(僧帽弁の周りの部分) を縫って締まりを良くし、僧帽弁がしっかり閉じるようにする。

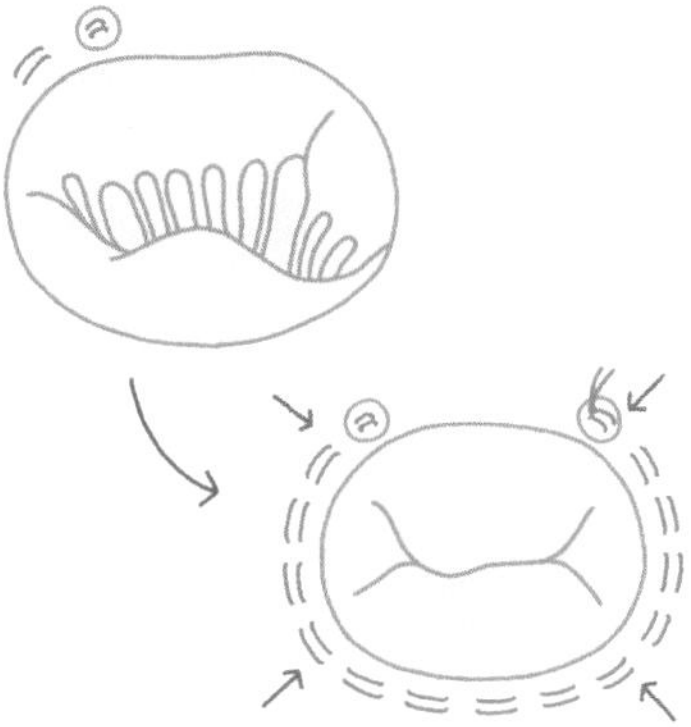

自宅でのケア

飼い主さんができることをご紹介します。

運動

まだ症状が軽いうちから「心臓への負担を考えると運動させないほうがいいのでは」という飼い主さんもいますが、これは誤解です。もちろん激しい運動はＮＧですが、体の筋肉量が減ると心臓も弱くなってしまうのです。体力の低下を防ぐためにも適度な運動が必要。無理のない範囲で、これまで通り散歩しましょう。

観察

愛犬の様子をこまめにチェックし、異変があったらすぐ気付けるようにするのも重要です。とくに舌の色はわかりやすい健康のバロメーター。チアノーゼ（血液中の酸素が不足している状態）になると青～青紫っぽく変色するので、いつそうなったかを記録しておきましょう。そのほか、些細な変化でも書きとめておくと、診察時に獣医師に見せることで治療方針を立てるのに役立つことがあります。

手術後の流れ

外科手術をした場合は1週間～10日ほどで退院し、投薬治療を続けながら通院します。まずは、術後2週間で抜糸と自宅での様子などの問診を実施。1か月後に血液検査、レントゲン検査、超音波（エコー）検査をして、薬の処方が正しいか、体に異常がないかなどを確認します。その後は3か月、半年、1年と来院の間隔を空けていきます。

※ 治療方針や術後の流れは動物病院によって異なります。

呼吸を数える

愛犬が寝ているときに胸や背中に手を当て、呼吸数をカウントします。1分間に「スーハー（吸って吐く）」と胸が上下する回数を数えましょう。25～30回程度であればＯＫ。もし40回以上呼吸を繰り返していたり、肩で呼吸をしていたら、体に異変が起こっている可能性があります。できるだけ早めに動物病院を受診してください。

流涙症

気になる「涙やけ」の原因となる病気です。

目を潤して保護するという大切な役割を担うのが「涙」。しかし、多すぎると目の周りの被毛の変色や皮膚の炎症を引き起こすことがあります。これが「流涙症（涙染色症候群）」と呼ばれるもので、涙で濡れた被毛で雑菌が繁殖するなどして茶色くなった状態がいわゆる「涙やけ」。場合によっては皮膚炎を併発したり、ニオイがすることもあります。原因はさまざまですが、主に次の3パターンに分けられます。

原因

涙は目の保護に必要ですが、
トラブルを引き起こす
こともあります。

①涙の排出がうまくできない

涙は鼻涙管を通って鼻へと排出されますが、鼻涙管の入口である涙点《るいてん》が何らかの要因でふさがることがあります。行き場を失った涙は目の表面にどんどんたまり、やがてまぶたからあふれて被毛を変色させるのです。

また、マルチーズには目頭の裏にある靭帯の力が強い犬が多いといわれています。まぶたを内側に引っ張る力が強いため下まぶたが内巻きになり（眼瞼《がんけん》内反）、涙点が圧迫されて流涙症を引き起こすことがあります。

②涙が過剰に産生されている

逆さまつ毛やゴミが目を傷付けたり、結膜炎になると、目を守ろう

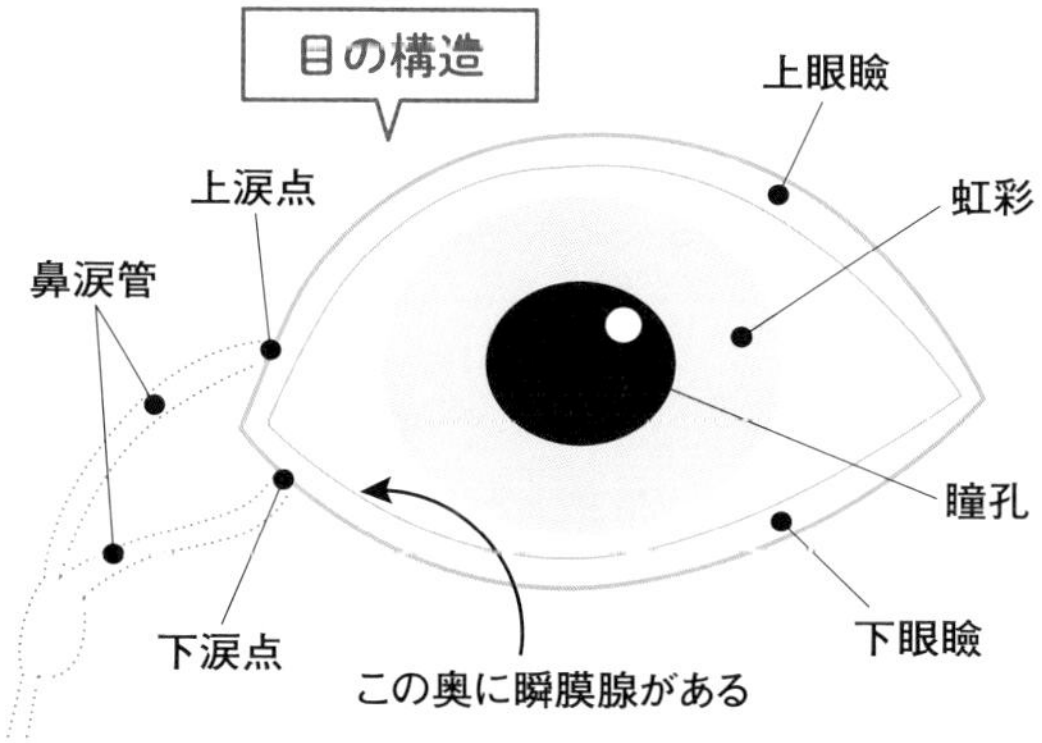

として涙が多く産出されます。長期間涙が増え続けると、そのうち排出しきれなくなり、あふれて涙やけにつながります。ハウスダストや花粉に対するアレルギー反応が、涙の産出をさらに促してしまうケースもあります。

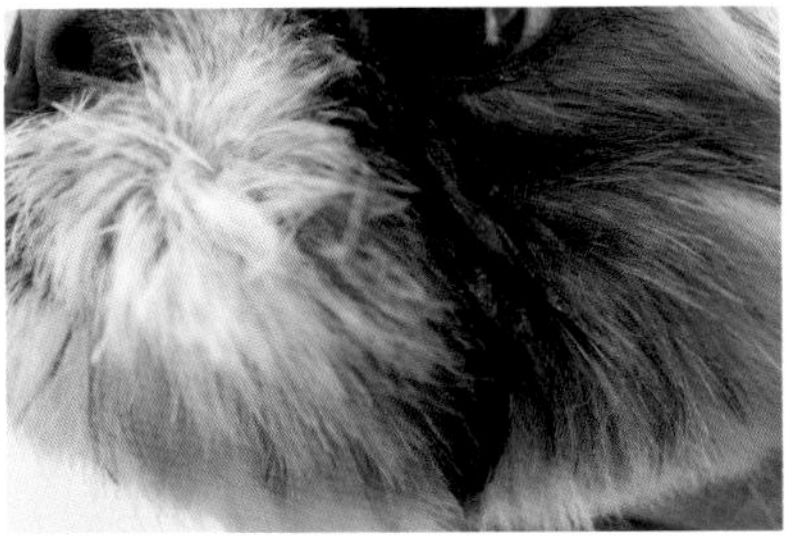

流涙症によって、顔の大部分が涙やけしてしまった状態（シー・ズー）。

③目に涙をキープできない

目の表面には、涙と混ざることによって蒸発を防ぎ、目からこぼれないよう防波堤のような働きをする油分が存在します。この油を出している器官が、まぶたの縁にあるマイボーム腺。ここが詰まると良質な油を十分に出せなくなり、涙が目からあふれてしまいます。

流涙症はどれかひとつでなく、いくつかの要因が重なって起きるもの。目の状態を詳しく調べた上で最適な治療やケアを行うためには、眼科専門の動物病院を受診するのがおすすめです。

治療

外見だけにとらわれず、まずは目が健康な状態であることを重視しましょう。

涙やけによって愛犬の外見が損なわれることが気になる飼い主さんも多いようですが、まずは見た目より「目の健康を守る」ことが重要です。

涙やけを引き起こしている（目からあふれた）涙は、もともと目を乾燥や外部の刺激から保護するためのもの。つまり、外にあふれたぶん目の表面から潤いが失われ、外部からの刺激で傷付きやすくなるということなのです。

治療は「涙は出ているのに目が乾いている」という状況を改善するのが最優先。1日数回、人工涙液[*1]を目にさします。マイボーム腺の機能が低下しているようなら、不足している油を補うために眼軟膏[*2]も使用。また、結膜炎などほかの症状が原因なら、まずはその治療から始めます。

乾燥で眼球が繰り返し傷付いたり、結膜炎が慢性化している場合は、麻酔をした上での涙管洗浄や外科的なアプローチをすることも。しかし、完治するものではない上に本犬の負担になるので、「涙やけが気になるから」という理由での手術はおすすめできません。どのレベルの治療を行うかは飼い主さん次第なので、獣医師とよく相談して決めてください。

角膜の染色検査

目の表面（角膜）を特殊な方法で染色する検査では、目に付いた傷や乾燥の度合いを確認することができます。赤で示したところを中心に、緑色に染まっているのがとくに乾燥している部分です。

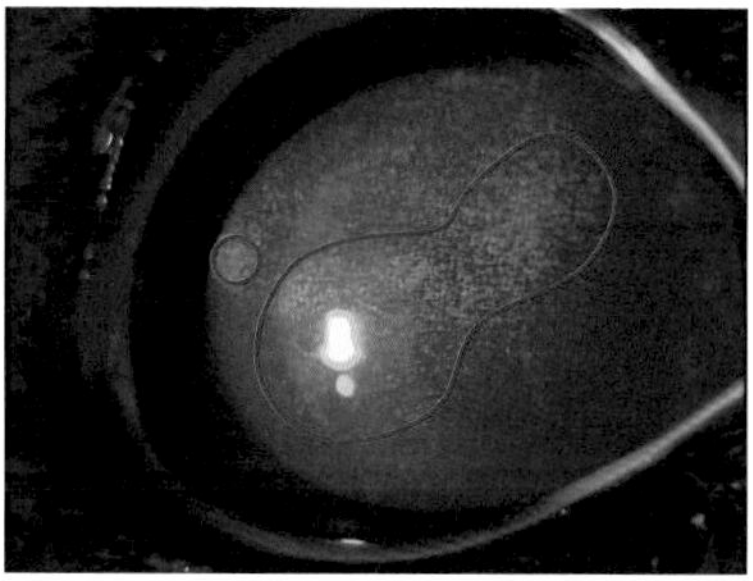

マイボーム腺の分泌物

マイボーム腺の機能が低下すると、油がどんどんたまって白濁化し、出口を詰まらせてしまいます。動物病院では、医療器具を使って詰まった分泌物を取りのぞきます。

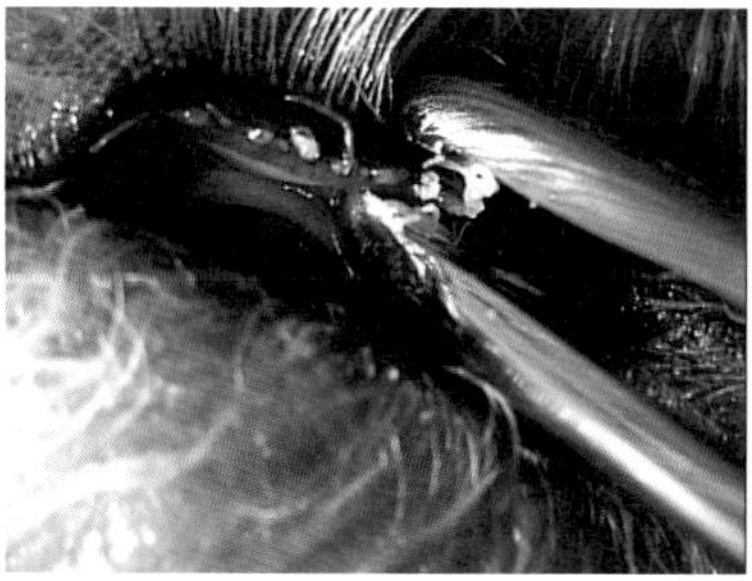

＊1 薬剤不使用できわめて涙に近い成分の液体。
＊2 目に入れても害のない軟膏。

自宅でのケア

こまめなお手入れが予防のカギとなります。

　愛犬がときどきまぶしそうに目を細めたり、しょぼしょぼさせていたら、目に何かしらの不快感があるサイン。早めに動物病院を受診してください。

　涙やけの症状改善のためには、トリミングで目の周りの毛を短く切ったり、こまめにふくなどのケアが効果的です。また、人間用の温かいアイマスクなどで目の周りを温めるのも良いでしょう。マイボーム腺に油が詰まっているのが原因なら、温めることで詰まりが解消することもあります。

　美意識が高い飼い主さんほど愛犬の涙やけに悩みがちですが、流涙症は完治することがなく一生付き合っていかなければならないもの。深刻に考えすぎず、できる範囲でケアをしてあげましょう。

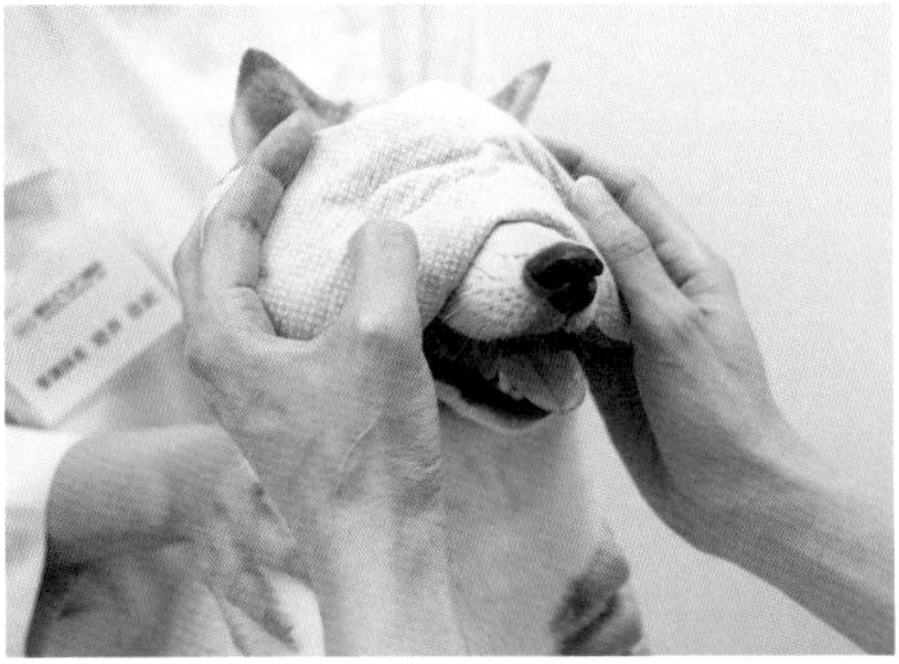

アイマスクは35〜38℃程度になるタイプを使用し、やけどには十分注意を。

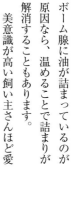

そのほかの病気

**マルチーズで要注意の病気を
ピックアップして解説します。**

犬の耳の構造

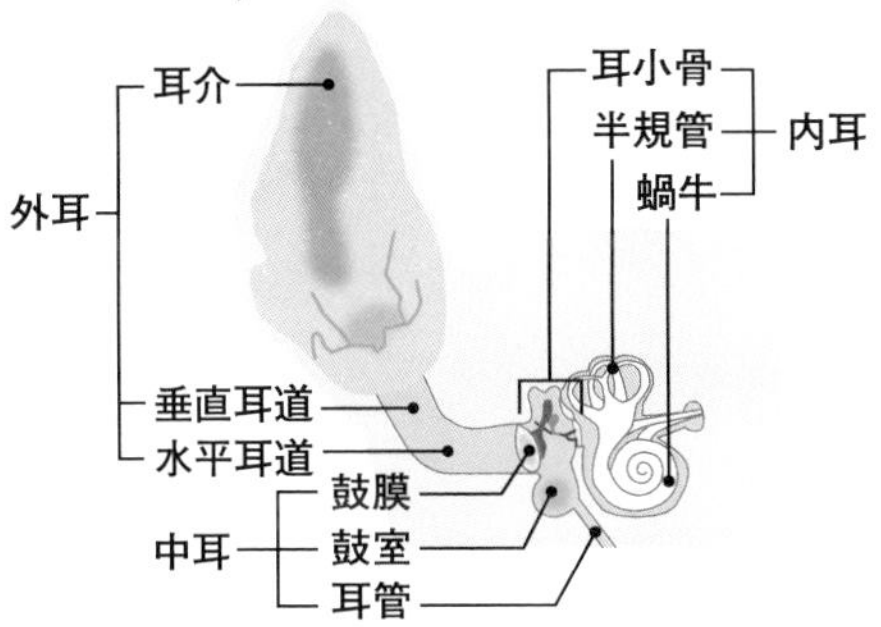

外耳炎

ニオイやかゆみといった
症状が特徴です。

原因と症状

マルチーズは垂れ耳である上に耳の中に毛が生えることが多いので、（とくに高温多湿の日本では）耳の中が蒸れやすくなります。時には耳の中にダニが寄生したり、アトピー性皮膚炎の症状のひとつとして見られたり、シャンプーが耳の中に残っていたことが原因になることもあります。

外耳炎が起こると耳垢《じこう》がたまりやすくなって、そこに細菌やカビが増えます。その結果、耳の中が赤く腫れて、かゆみや痛みを起こすのです。さらに、嫌なニオイがする耳垢も出てきます。

対処と予防

外耳炎にはさまざまな原因があるので、動物病院で調べてもらい、それぞれの原因に合った適切な治療を受けることが大切です。子犬のときから人にさわられることに慣らして、耳の中の状態を確認できるようにしておくと、定期的なチェックをきちんとすることができます。

自宅ではつねに耳の中をきれいにしておくことを心がけましょう。そのためには、定期的な耳掃除が重要。かゆみがひどいときには、耳を引っ掻《か》いて悪化させないよう、エリザベスカラーを付けることも必要です。

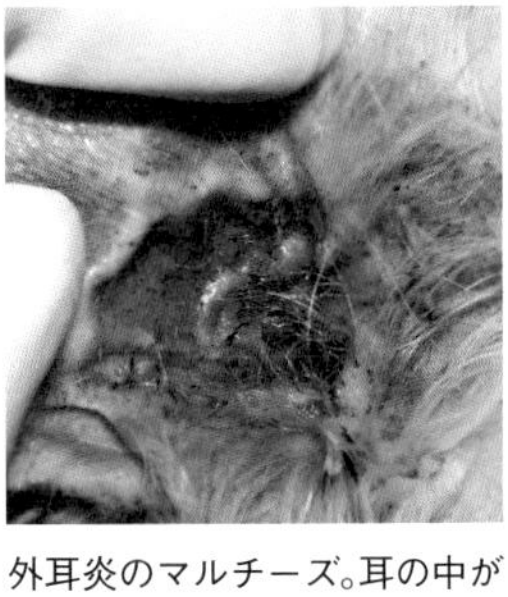

外耳炎のマルチーズ。耳の中が赤くただれ、黒い耳垢が耳の穴をふさいでいます。

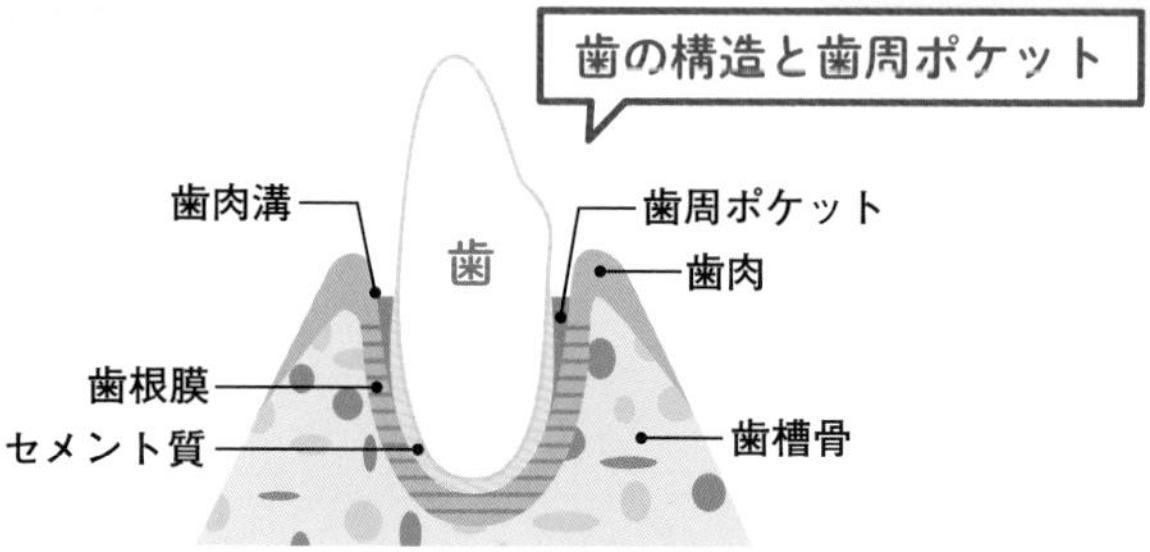

歯周病

歯みがきを怠ると、
あっという間に症状が
進行してしまいます。

原因と症状

毎日の食事で口の中に残った食べかすは、放っておくと歯にくっついて歯垢になります。この歯垢は細菌の塊で、やがてそれが原因で歯ぐきが炎症を起こしてしまうのです。放っておくと赤く腫れたりひどい口臭がするようになり、この状態を歯周病と言います。病気が進むと血液の混じったよだれが見られるようになり、歯がグラグラしてきて、最後には抜けてしまいます。

そうなると、食べものを口に入れると痛みが出て、食べるのを嫌がるようになります。さらに重症化すると口の中の細菌が血流に乗って全身を巡り、肺や心臓などほかの臓器で病気を引き起こしてしまうこともあります。

対処と予防

口内の消毒や抗菌剤の投与などで一時的に出血や細菌の繁殖を抑えることはできますが、根本的には動物病院で歯石を除去する、ぐらつく歯を抜く、歯の中心に穴を開けて洗浄した上で詰め物をするといった治療をしなければ症状は良くなりません。早い段階で治療を開始できれば歯を抜かずに済むこともあるので、定期的に検診を受けましょう。

歯周病の最大の予防法は歯みがきです。子犬のときから歯みがき用のペーストなどを活用して歯みがきの習慣をつけておくのが大事。遊びと同じ感覚でできるようにしておけば、成長してから抵抗なく歯みがきできます。また、生後6か月を過ぎても乳歯が残っている場合には、ほかのトラブルにつながるので早めに抜歯するようにしてください。

水頭症

とくにマルチーズのような
小型犬はやさしく
扱いましょう。

原因と症状

水頭症とは、脳の中で脳脊髄液という液体が異常にたまってしまい、その液体が脳を圧迫することで、けいれんや異常行動、卒倒やこん睡といった症状を引き起こす病気です。水頭症の犬は、頭を軽くぶつけるなどほんのちょっとした刺激で、意識を失ったりけいれんを起こしたりすることがあります。

マルチーズのなかでも体に比べて頭のサイズが大きかったり、左右の目が離れすぎていたり、頭のてっぺんがやわらかい場合は、ふだんから十分注意してください。

対処と予防

同じような症状であっても、一時的な脳しんとうの可能性があるので、落ち着いて呼吸や意識の状態を観察します。時間とともに落ち着くようなら大丈夫ですが、もし異常が続いたら動物病院へ連れて行きましょう。また、水頭症かどうかにかかわらず、マルチーズのような小型犬の頭をさわるときは、力を入れすぎないよう十分注意してください。

肛門腺炎
（肛門嚢《のう》炎）

年齢を問わず
注意したい病気です。

原因と症状

犬や猫の肛門には、肛門腺（肛門嚢）という袋状の器官があります。左右にひとつずつあり、とてもくさいドロドロとした分泌物をためる働きを持っています。この分泌物はマーキングの役割を果たしており、排便するときに便にくっついて体外に排出されます。

しかし、分泌物がうまく排出さ

停留睾丸を
発症した犬を
ブリーディングに
使わないことで、
同じ病気の犬が
誕生するのを
防げます

れずにたまってしまうと、肛門腺が腫れてお尻がかゆくなります。さらに細菌感染を起こすと、痛みを感じて攻撃的になったり、肛門付近の皮膚が破れて出血することもあります（肛門腺破裂）。

対処と予防

初期であればたまった分泌物を絞り出すだけで落ち着くこともあります。もし赤く腫れているようなら、絞り出した後に抗菌剤を使う必要があるでしょう。肛門腺が破裂して出血しているようなら、洗浄するために通院治療が必要になることもあります。破れた肛門腺は、症状が治まれば再生されます。

予防としては、定期的に肛門腺を絞って、中に分泌物がたまらないようにすることが挙げられます。トリミングサロンや動物病院でシャンプーする際には、絞ってくれているはずです。炎症を繰り返す場合には、手術で肛門腺そのものを切除するケースもあります。

停留睾丸《こうがん》

オスの子犬で
気を付けたい病気です。

原因と症状

オスの睾丸は、本来生後1か月を過ぎたら、おなかの中から股間にある陰嚢《いんのう》という袋に降りてこなければいけないもの。生後6か月を過ぎても睾丸が股間の皮膚の下や、おなかの中にとどまってしまう状態を停留睾丸と言います。おなかの中に残った場合、腫瘍になりやすいということがわかっていますが、成長するまで気付かれずに処置が遅れることも少なくありません。

対処と予防

先天的なものなので、予防法はありません。もし停留睾丸と診断されたら、できるだけ早く両側睾丸を摘出してもらうのが良いでしょう。とくにおなかの中に残っている睾丸は必ず摘出してもらいましょう。

ふだんから
スキンシップも
兼ねて愛犬の体を
チェックすると、
異変に早く
気付けます

免疫介在性 血小板減少症

体を守るはずの
免疫システムに異常が
生じて引き起こされます。

原因と症状

本来は外敵から身を守るための働きである免疫システムに異常が起き、自分自身の血小板を攻撃することでその数が減ってしまう病気です。

血小板は血液に含まれており、止血の役割を果たしています。そのため、減少するとそのぶん出血が止まりにくくなってしまうのです。それだけでなく、胸や内股の部分に紫色の斑点（紫斑《しはん》）が出たり、よだれに血が混じったり、時には鼻血や血尿、下血、貧血を起こして命にかかわる状態に陥ることもあります。

対処と予防

異変に気付いたら、できるだけ早く動物病院を受診して獣医師による処置を受けてください。重症の場合は輸血が必要になることもあります。初期症状の紫斑は飼い主さんにも比較的わかりやすいサインなので、見逃さないようにしましょう。

毛玉による皮膚炎

正しくブラッシングしないで放置すると、毛がからまって毛玉になります。それに気付かないと、毛玉が固くなってその下の皮膚が炎症を起こすことも。大きな毛玉の下は暖かく湿った環境になり、細菌が繁殖して赤くただれてしまうケースもあるのです。

毎日のブラッシングに加え、被毛の健康キープのためには食生活の見直しも必要。おやつばかり与えず、愛犬の体に合った良質なフードを選びましょう。

マルチーズのための栄養学

**食事と栄養は健康の基本。
人と犬の違いや、マルチーズならではのポイントをご紹介します。**

犬の栄養学の基礎

犬に必要な栄養素の割合は、人はもちろんほかの動物ともちょっと違います。

「６大栄養素」とは

生きるために必要な栄養素は「炭水化物、たんぱく質、脂質、ビタミン、ミネラル、水」の６種類。このうちエネルギー源となるのは、炭水化物、たんぱく質、脂質です。炭水化物＝４kcal、たんぱく質＝４kcal、脂質＝９kcal（いずれも１gあたり）のエネルギーを体に供給することができ、３大栄養素と呼ばれています。

３大栄養素はエネルギー源として以外にも「たんぱく質は体を作る」、「脂質はホルモンや胆汁などの材料となり生理作用の維持に役立つ」といった働きがあります。また、炭水化物を構成する糖質と食物繊維のうち、糖質は単純にエネルギー源としての役割のみですが、食物繊維は腸内環境から健康を支える働きを持っています。

ビタミンやミネラルは、３大栄養素が体内でエネルギーに変換されるときや体の調整に必要で、水は生命維持に欠かせません。人や犬の体は、体重の約60％が水で構成されていて、たった10％の脱水でも命取りになることがあります。

栄養素と食品の関係

それぞれの食品に含まれる６大栄養素の割合は異なります。そのため、健康状態や活動量に合わせて食材を組み合わせ、目的に適した栄養構成となるように食事をとらなければなりません。これが健康管理に重要であることは、人も犬も同じです。

「●●源」という言葉を聞いたことがありますか？　これは、水以外の栄養素で食品中に最も多く含まれる栄養素のことを示します。たとえば「肉」の70％は水です

6大栄養素の主な働きと供給源

	主な働き	主な含有食品	摂取不足だと？	過剰に摂取すると？
たんぱく質源	体を作る エネルギー源	肉、魚、卵、乳製品、大豆	免疫力の低下 太りやすい体質	肥満、腎臓・肝臓・心臓疾患
脂質源	体を守る エネルギー源	動物性脂肪、植物油、ナッツ類	被毛の劣化 生理機能の低下	肥満、すい臓・肝臓疾患
炭水化物源	エネルギー源 腸の健康	米、麦、トウモロコシ、芋、豆、野菜、果物	活力低下	肥満、糖尿病、尿石症
ビタミン	体の調子を整える	レバー、野菜、果物	代謝の低下 神経の異常	中毒、下痢
ミネラル	体の調子を整える	レバー、赤身肉、牛乳、チーズ、海藻類、ナッツ類	骨の異常	中毒、尿石症、心臓・腎臓疾患、骨の異常
水	生命維持		食欲不振 脱水	消化不良、軟便、下痢

が、次に多く含まれる栄養素はたんぱく質。つまり肉は「たんぱく質源」の食品で、魚や卵、乳製品、大豆も同じです。脂質源には、肉の脂肪や植物油以外に種子類やナッツがあります。米、麦、芋類、果物や野菜はどれも炭水化物源ですが、果物や野菜は糖質よりも繊維源あるいはビタミン、ミネラル源として食事全体の栄養バランスを整えます。

犬には犬の栄養バランス

この6大栄養素が、どのようなバランスでどれだけ必要かは種族によって異なります。犬には犬に必要な栄養バランスがあるのです。人間が雑食動物なのに対して犬は肉食動物（実際は雑食寄りの肉食動物）で、それを「食性」と呼びます。

犬の消化器官は犬の食性に対応できるようになっているため、食事中の栄養構成がそれに適していない場合は、せっかく食べても効率よく栄養とエネルギーになりません。加えて、3大栄養素の割合により、ビタミンやミネラルの必要量も異なります。食事中の栄養素は、そのバランスと消化吸収率が体に適していることが重要。ですから、健康管理のためには「犬には犬に適した食事」が必要なのです。

フード選びのポイント

愛犬に適したフードを選ぶには、まずラベルをチェックしましょう。

「総合栄養食」かどうか

形状にかかわらず、「水とそのフードだけで特定の成長段階や健康を維持することができる」のが「総合栄養食」です。現在市販されているドライフードはすべて総合栄養食ですが、パウチや缶詰などのウエット商品には、総合栄養食ではない商品があります。これらには「一般食」、「副食」などと記載されています。総合栄養食と併用して使用することが目的なので、主食には適していません。

保証分析値

栄養構成は、「保証分析値」、「栄養成分」、「保証成分」などと表示されています。どれも、それぞれの栄養素が原材料中にどのくらいの重さの割合で入っているかを示しています。ここで注目したいのは、粗たんぱく質、粗脂肪、粗繊維、粗灰分、水分の５項目。これらの項目は、健康状態や排便状態と一緒にメモしておくと今後の参考になります。それ以外の成分は、あまり気にしなくても大丈夫です。

代謝エネルギー（ＭＥ）

摂取エネルギーから便や尿中に排泄されるエネルギーを差し引いて、実際に体内で利用できるエネルギーを示したものです。一般的には「○○kcal／１００ｇ」と表示されています。成長期用ドライフードであれば４００kcal前後、維持期ドライ用であれば３５０～４００kcalが、高品質な総合栄養食の目安です。

ライフステージなど

ライフステージ（年齢別）は、成長期、維持期、高齢期の３つに大別されます。また、ライフスタイルは環境や活動量を示しています。フードの栄養構成は、これらの目的に合わせて配合されているのです。

ペットフードの代表的な原材料

栄養素	使用原材料の例	
たんぱく質源	牛肉、ラム肉、鶏肉、七面鳥、魚、肝臓、肉副産物（肺、脾臓、腎臓）、乾燥酵母、チキンミール、チキンレバーミール、鶏副産物粉、コーングルテンミール、乾燥卵、フィッシュミール、ラム肉、ラムミール、肉副産物粉、家禽類ミール、大豆、大豆ミール　など	
脂質源	動物性脂肪	鶏脂、牛脂、家禽類脂肪、魚油　など
	植物性脂肪	大豆油、ひまわり油、コーン油、亜麻仁油、植物油　など
炭水化物源	米粉、玄米、トウモロコシ、発酵用米、大麦、グレインソルガム、ポテト、タピオカ、小麦粉　など	
食物繊維源	ビートパルプ、セルロース、おから、ピーナッツ殻、ふすま、ぬか、大豆繊維　など	

与える量

一般的にフードラベルに示されている給与量は、健康で運動量が中程度の犬を基準として算出されています。そのため、その基準より運動量が少なければ肥満や食べ残しにつながり、逆に活動量がもっと多ければやせることや空腹を感じることになります。体重あたりの給与量を目安とし、体重が増えたら減らし、減ったら増やしてみて、愛犬が適正体重を維持できる量を探しましょう。この量はフードごとに異なるので要注意！一般的に代謝エネルギー（ＭＥ）が低いと与える量は多くなります。

原材料

ペットフードの原材料表示には、「使用原材料を多い順に記載する」というルールがあります。使用しているすべての材料が記載されているので、ビタミンやミネラル、栄養添加物、食品添加物などが入ると意味不明な印象を受けるものです。

しかし、毎日の健康に直接関係するのは3大栄養素の含有量とそれぞれの使用食材です。そのためラベルにある「保証分析値」で栄養バランスを確認し、原材料表示でどのような材料が使用されているのかをチェックするようにしましょう。

マルチーズならではの"食"

犬種に合った食生活が、日々の健康につながります。

極端な高たんぱくに注意

このところ、炭水化物は少なくたんぱく質が極端に多いフードが流行しています。価格は高めですが、使用原材料や供給源がわかりやすく表示されており、品質にもこだわっている様子がうかがえます。そのあたりで飼い主さんが安心できる、というのが人気の理由ではないかと思います。

質の高いたんぱく質源を多く使用しているということは、肉食動物である犬には好ましいように感じます。しかし大量のたんぱく質を消化するには骨格が大きく筋肉が発達した体が必要で、マルチーズとは正反対ですよね？　つまり、極端にたんぱく質が多い食事はマルチーズの消化に適していないと考えられるのです。

被毛を長く伸ばしたロングコートの場合は、ショートコートよりも必要なたんぱく質量が多くなりますが、それでも必要以上に摂取させなくてＯＫ。保証分析値の粗たんぱく質は、23％前後を目安に30％以下を選ぶと良いでしょう。

嗜好性

一般的に嗜好性が高いペットフードは、「脂肪分が高い」のが特徴です。高脂肪のフードは高カロリーなため、ほんの数粒多いだけでも小さなマルチーズにはカロリーオーバーの原因に！　さらに運動不足が伴えば、肥満のリスクが上昇します。肥満は万病の元であり、一度太ると減量には時間がかかります。そのため脂肪含有量は15％前後を目安にフードを選び、必要量を計量するようにしましょう。

給与量

筋肉量や活動量がそれほど多くないマルチーズは、一度に多くの食事を消化するのは苦手です。そのため、1日の必要量を食べきれる給与量であることも大切です。セミモイストフードはドライフードよりも同量あたりの水分含有量が多く、そのぶん指示給与量が多くなります。そこで食べきれないからと適当に減らしていると、今度は栄養が不足するリスクがあるので要注意。代謝エネルギーが350kcal以下だと給与量がかなり多くなるため、減量など特別な目的以外では避けたほうが良いでしょう。

注意したい成分

摂取しすぎると
心臓や腎臓に負荷がかかる
成分を知っておきましょう。

マルチーズに限ったことではありませんが、シニア期に入ると心臓病や腎臓病のリスクが高くなります。そこで覚えておきたいのは、心臓と腎臓は「体の水分量や電解質の調節」という同じような働きをしているということ。食事中のリンやナトリウムが必要以上に多いと、この働きに負荷がかかります。健康であれば体はそのバランスを一定に保つことができますが、長期にわたって負荷がかかると心臓や腎臓の機能にも影響を与えてしまうのです。

ペットフードの中には、すでに必要量のリンやナトリウムが添加されているので、さらに増やすことは避けたほうが良いでしょう。肉、魚、卵や乳製品にもリンは多く含まれているので、与えすぎは好ましくありません。また、しっとりとした食感のおやつには「リン酸塩」や「pH調整剤」が添加されていることがあります。継続的に同じものを与えないように注意しましょう。

中医学と薬膳

体質改善に役立つとされる薬膳。
マルチーズの食事にも取り入れることができます。

薬膳の基礎

薬膳に
チャレンジするために
知っておきたい知識です。

中医学の考え方

まずは、体の仕組みを理解しましょう。中医学では、体は「気《き》」と「血《けつ》」と「津液《しんえき》」からできていると考えられています。血と津液は液体ですから、それ自体が自ら動くことはなく、気の働きによって体内を巡っています。気は陰と陽に分けられ、その働きをさらに五行（木・火・土・金・水）に分けて考えます。五臓（肝・心・脾・肺・腎）は、肝臓や心臓などの臓器そのものを指すのではなく、それぞれ五行に属して体内でその働きを担っている「臓」のことを言います。臓とは気がたまる場所のことで、それぞれ対となる腑があります（五臓六腑という言葉が

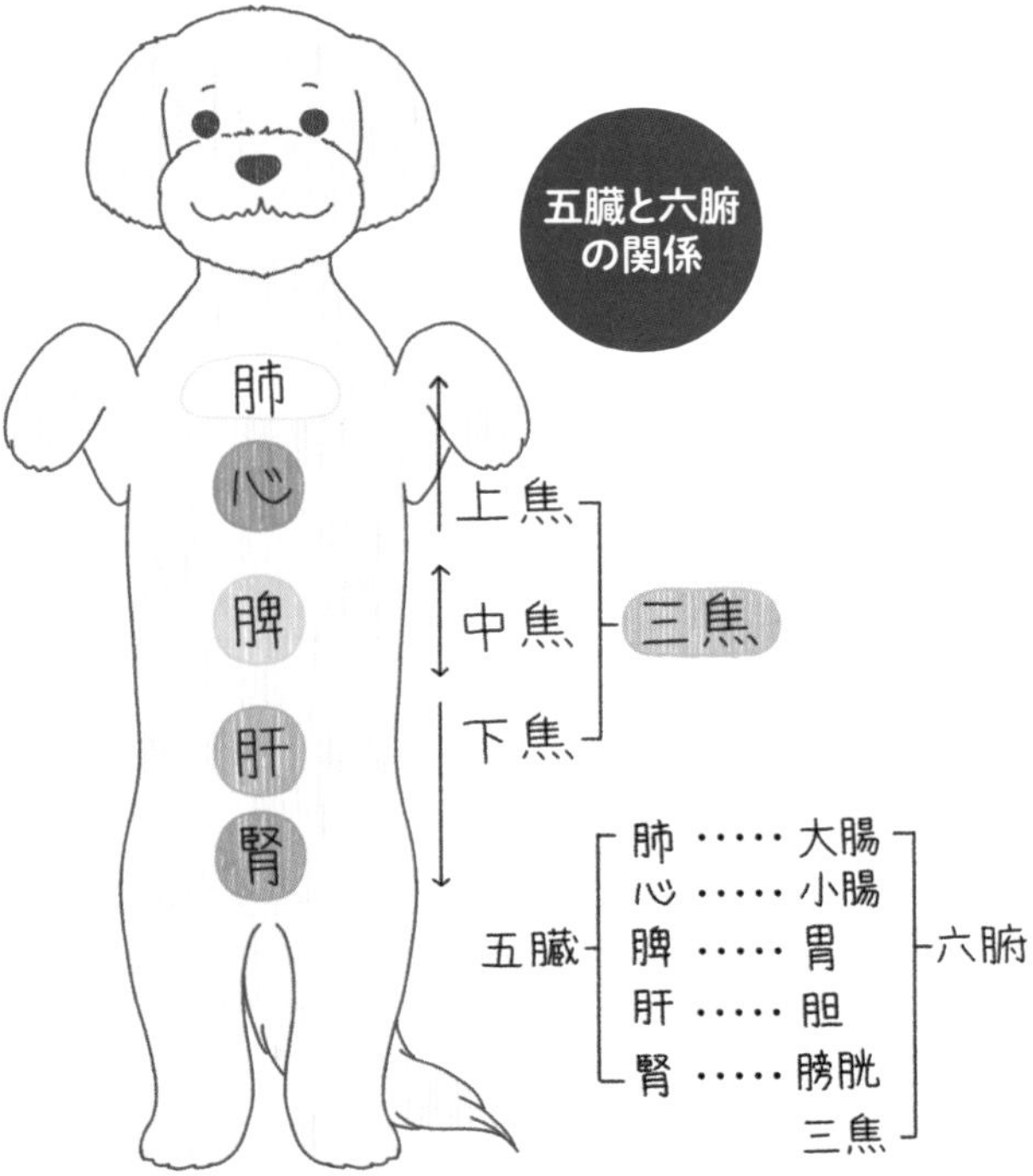

食材の分類

温熱性の食物	平性の食物	寒涼性の食物
鹿肉、牛の胃袋、牛すじ、鶏肉、鶏レバー、豚レバー、いわし、あじ、鮭、さば、かぶ、かぼちゃ　など	牛肉、鴨肉、豚肉、豚の心臓、かつお、さんま、白魚、あおさ、えのき、エリンギ、キャベツ、小松菜、しいたけ、春菊、青梗菜、人参、白菜、ピーマン、ブロッコリー　など	うさぎ肉、牛タン、馬肉、あさり、しじみ、昆布、海苔、ひじき、もずく、わかめ、アスパラガス、きゅうり、ごぼう、しめじ、セロリ、大根、なす、トマト　など

ありますが、六腑目は「三焦」です）。

体に何かが起こったとき、あるいはいつも同じ時期に何かが起こるという場合には、気（陰と陽、五臓）・血・津液のいずれかに起きていることを考えるのが、食材選びの重要なポイントとなるのです。

自然界の食物は、動物が食べて体の中に入ったときに作用する性質と働きを持っています（四《し》性《せい》五《ご》味《み》）。四性は体を冷やす性質が寒性／涼性の2段階、体を温める性質が温性／熱性の2段階に分かれています。さらに、体を温めも冷やしもしない「平性」を加えて五性と呼ばれることもあります。体が熱を帯びていれば冷まし、冷えていれば温める。それを外側からでなく食物の性質を利用して内側から行い、最終的に熱も冷えもない「平」の体を目指すのです。

五味は、酸・苦・甘・辛・鹹《かん》（しょっぱい味）に分けられます。すっぱいレモンは酸味の性質を持ち、辛い唐辛子は辛味の性質を持つなど、口に入れたときに舌で感じる味覚と性質が同じものもあります。しかし、たとえば豚肉は鹹味の性質を持ちますが、味覚として塩味を感じることはありません。このように、五味はその食材が持つ働きを示しているのです。それぞれの働きは収・降・補・散・軟という文字で表されます。

さらに大切なのは、私たち動物の体は自然界で起こっている事象の影響を受けるということです。雨が降れば体の中には水分が、暑い日には熱がたまります。体に水がたまっているなら余分な水を出し、熱がとどまっているなら余分な熱を取りのぞく性質の食材を選びます。

先回りのケア

最近では5月ごろから一気に気温が上がり、早い時期に湿度も高くなりがちです。梅雨寒の時期もありますが、秋になるまでは高温多湿な日々が続きます。室内はエアコンで冷えているので、飼い主さんも愛犬も体温調節が難しい季節だと言えるでしょう。

自然界の移り変わりは動物の体内でも同じような変化をもたらします。中医学では体の中に暑さがとどまると「熱邪」、湿気がとどまると「湿邪」と言い、それぞれ体の不調を引き起こすものと考えます。この2つの邪は、体調を整えるためにとくに注意しなければいけないという意味で「毒」と呼ばれ、それぞれ「熱毒」、「水毒」という別名もあるくらいです。

五味のうち、苦味の食物は熱を取りのぞく作用（清熱）を持っています。苦味で寒性の食物には、体の中にたまった熱を取り去るのと同時に強烈に冷やす効果があるということです。中医学の基礎を知っている人は、「苦寒」と聞けば「熱を取りのぞいて体を冷やすもの」だとピンとくるはずです。

苦味と寒性を併せ持つ代表的な食物と言えば、ゴーヤ（にがうり）。室内の涼をとるために、緑のカーテンとしてプランターなどで栽培している人もいるのではないでしょうか。ウリ科の食物はのどの渇きを潤し、体の余分な熱と水分を排泄《はいせつ》させるので、高温多湿の時期におすすめの食材です。

犬の皮膚の色は、（特殊な犬種をのぞけば）本来人間のそれとあまり変わりありません。マルチーズの被毛は白い上にシングルコートなので、皮膚の色が透けてよく見えます。シングルコートの犬種は外気温に影響されやすく、暑ければ熱くなり、寒ければ冷えが生じやすいのが特徴。夏から秋にかけて、とくに涙やけが目立ったり、皮膚の色が赤っぽいピンク色になっているようなら、それは体に熱がたまっているサインかもしれません。ゴーヤは寒性で涼性の食物よりもさらに冷やす力があるので、与えすぎに注意しながら上手に使用したい食物のひとつです。

ゴーヤ（にがうり）

もともと沖縄や九州南部で使われていた食材ですが、今では全国的に出回り手に入りやすくなりました。種とわたはスプーンなどで取りのぞいてから調理してください。

薬膳レシピ

手軽に取り入れられる、
主食とトッピングの
レシピです。

ゴーヤの炒飯

ゴーヤは寒性・セロリは涼性の食材なので、体が冷えすぎないようにしょうがをひとかけ加えてバランスを取ります。塩やしょうゆで味付けをすると、飼い主さんもおいしく食べられます。

ゴーヤの炒飯

（材料）
作りやすい量
（標準的なマルチーズの
4～5回分）＝全部で約490kcal

豚肉	150g
卵	1個
ごはん	100g
ゴーヤ（にがうり）	20g
にんじん	20g
しょうが	2g
チンゲン菜	20g
ごま油	少々

作り方

①豚肉は脂分を取りのぞき、犬が食べやすい大きさに切る。
②卵は溶いて、ごはんとよく混ぜ合わせる。
③ゴーヤはスプーンなどで種を取りのぞき、犬が食べやすい大きさに切る。
④にんじんとしょうがは、よく洗って皮ごとすりおろす。
⑤チンゲン菜は細かく切る。
⑥熱したフライパンに薄くごま油を敷き、余分な油はペーパータオルなどでふき取る。
⑦❻に豚肉を入れ、色が変わるまで焼く。
⑧❼に❷を加え、火が通ったら❸と❹を入れて炒める。
⑧全体に火が通ったら火を止める。
⑨❽に❺のチンゲン菜を入れ、よく混ぜて余熱で加熱する。

食材の中医学的解説

豚肉
甘／平（脾胃）
気と血を補います。とくに陰と腎を補います。

うるち米
甘／平（脾胃）
脾胃の気を高め、健やかにする働きがあります。

ゴーヤ（にがうり）
苦／寒（心脾胃）
暑さを取りのぞいて解毒します。目の不調を解消します。

にんじん
甘／平（肺脾肝）
脾の働きを健やかに保ち、胃の不調を取りのぞきます。陰と血を補います。

しょうが
辛／温（脾胃肺）
咳と痰を鎮め、体の体表を開いて寒さを取りのぞきます。脾胃の働きを整えます。

チンゲン菜
甘／平（肝肺脾）
血の巡りを良くして体の余分な熱を冷まします。脾の働きを健やかにして心の熱を取りのぞきます。

ごま油
甘／涼（肝大腸）
体を潤して便の通りを良くします。熱毒を取りのぞきます。

冬瓜としじみのスープ

ウリ科の食物には利水・清熱の効果があり、水毒と熱毒がたまった体に効果的です。しじみと合わせて清熱作用を増強します。愛犬には十分に冷ましてから与えてください。酒、みりん、醤油で味付けをすると飼い主さんも食べられます。

(材料)
作りやすい量＝約17kcal
(マルチーズの１回分／
１食につき大さじ１杯)

冬瓜……………………………100g
しじみ…………………………15個
水………………………………300cc

作り方

①冬瓜の皮をむき、犬が食べやすい大きさに切る。
②しじみは塩水に浸して砂抜きをする。
③鍋に水、❶と洗った❷を入れて火にかけ、沸騰直前になったら火を弱める。あくを取りながら、しじみが開いて冬瓜に火が通るまで加熱する。
④しじみは取り出して殻から身を外し、たたくようにして細かく刻む。

ドライフードのちょい足しトッピングにもおすすめ。しじみの身は細かく切って一緒に乗せましょう。

食材の中医学的解説

冬瓜
甘淡／涼(肺大腸膀胱)

体の余分な熱を取り、余分な水分を排泄。むくみを解消し、解毒作用もあります。津液を生じます。

しじみ
甘鹹／寒(肝腎)

体の余分な熱を取り、余分な水分を排泄します。

ゴーヤのゼリー

暑い日や、体に熱がこもっていると感じたときにぴったり。だししょうゆやドレッシングなどを添えると、飼い主さんも食べられます。

食材の中医学的解説

ゴーヤ（にがうり）
苦／寒（心脾胃）

暑さを取りのぞいて解毒し、目の不調を解消します。

（材料）
作りやすい量
＝約33kcal
（マルチーズの１回分／小さじ１杯）

ゴーヤ（にがうり）……50g
だし汁……200cc
粉ゼラチン……5g

作り方

①ゴーヤは種とわたを取りのぞいて、すりおろす。
②鍋にだし汁と❶を入れ、ひと煮立ちしたら火を止める。
③❷に粉ゼラチンを加えてよく混ぜる。
④❸の粗熱が取れたら容器に入れて、冷蔵庫で冷やし固める。（固める過程で一度かき混ぜると、ゴーヤが全体に行き渡ります）

※ゼラチンは、パッケージに記載されている方法で調理してください。

フードにトッピングする際は、スプーンなどで少し崩してから。

Part6
シニア期のケア

犬の長寿化に伴い、今や10歳以上のマルチーズも
珍しくありません。シニア犬のケアや介護に
ついての知識が飼い主さんに求められています

シニアにさしかかったら

**7～8歳ごろから、少しずつマルチーズの体に変化が現れます。
体調をよく観察しましょう。**

シニアの注意点

"元気なシニア"になるためには、若いころからの健康管理が重要です。

病気がちになるシニア期

7歳ごろを境にシニア期に入ると考えるのが一般的ですが、食事や飼育方法、生活スタイルなどによって老いの程度はさまざま。10歳で若々しい犬もいれば、7歳でぐっと老け込む犬もいるのです。年齢はあくまでも目安であり、それだけで老化の進行具合を決めることはできません。

童顔のマルチーズは、見た目だけで老いを感じることはあまりありませんが、生まれたその日から少しずつシニアへの道を歩んでいるのです。年齢を重ねるとどうしても病気がちになってしまうので、とくに気を付けたい4つの病気を覚えておきましょう。

① 歯科疾患……歯肉炎や歯周病など

② 心臓疾患……僧帽弁閉鎖不全症など

③ 骨・関節疾患……変形性脊椎症や椎間板ヘルニア、膝蓋骨脱臼など

④ ホルモン疾患……甲状腺機能低下症や糖尿病など

このなかで、若いころから管理・予防できるのが①の歯周病。歯周病は老齢になってから、食べムラや食欲不振の原因になることがあります。そればかりか、ひどくなると心臓や関節、呼吸器などの病気を引き起こし、寿命を縮めることすらあるのです。

若々しくいるために

人間の健康・美容でよく聞く「アンチエイジング」、これはペットにも同じことが言えます。老化を遅

らせるには、若いころから食事や環境などの健康・飼育管理に気を付けることが重要。とは言え、「シニア期で老化も進んでるからもう遅い」などと考えずに、思い立ったら早々に対策を始めましょう。

じつは、多頭飼いのほうが日常の動きが増えて食事も進み、脳が活性化することでさまざまなことに意欲を示すようになると考えられています。とくにある程度年齢差があるほうがお互いに刺激し合うことが増え、生活の質がアップするだけでなく、体調面にも良い影響を与えるといわれています。

シニアになると人と同様に足腰が弱り、階段などの昇り降りが上手にできなくなるでしょう。そのため、つい散歩を控えがちになってしまいますが、これは逆効果。適度な運動は、筋肉量の維持と関節、循環器、消化器などの健康維持には不可欠であり、健康で長生きする上でとても大切なことなのです。動きが鈍いときは足腰の関節炎やヘルニア（頸椎／胸腰椎）が原因というケースも多いので、異常が見られたら獣医師に相談しましょう。

わずかな異変を見逃さない

さらに、シニア犬は胃腸の消化吸収能力が落ちるので、吸収の良い良質の食事を与えてください。また便が硬くならないように、水分をきちんと摂っているかどうか、毎日の飲水量を確認しましょう。

トイレを失敗するのは、膀胱の筋肉の衰えや尿意を伝える神経伝達の鈍化が原因とも考えられます。老化だけが原因ではないこともあるので、まずは動物病院で診てもらいましょう。

毎日の生活では、愛犬の動きやしぐさに注意してください。被毛や皮膚の状態、歩き方、座る姿勢などは変化に気付きやすいですが、見た目ではわからない体の異変や病気もあります。犬は人よりも速いスピードで年を取るので、シニアになったら年に2回は健康診断を受けるのがおすすめです。

シニア度 check

愛犬のふだんの様子から、
シニア度を判定。
老いの状態に合った
接し方やケアを
考えてあげましょう。

生活習慣

- ■ 睡眠時間が増えた
- ■ 食べものにあまり興味を示さなくなるか、逆に執着して食べすぎというくらいに食べる
- ■ 食欲はあるが、上手に食べられない
- ■ 食べものの好みが変わった
- ■ 水を飲む量が減った
- ■ ほかの犬や猫、来客などに対してあまり興味を示さなくなった
- ■ 昼間は眠っていて夜は起きている
- ■ トイレに行っても便が出づらい
- ■ トイレを我慢しづらくなったのか、何度もする
- ■ 粗相《そそう》をする(トイレを失敗する)
- ■ 尿を(ちびりちびりと)少しずつ出す

行動

- ■ 遊びなどを嫌がる、または遊んでもすぐに飽きてしまう
- ■ 階段やソファーの昇り降りが上手にできない
- ■ ものにぶつかったり段差でつまずく
- ■ 散歩やお出かけを喜ばず、疲れやすい。座り込むこともある
- ■ 外が薄暗くなると散歩に行きたがらない
- ■ 知らない場所に行きたがらない
- ■ 狭いところに入ると後戻りできない
- ■ 呼びかけや大きな音に対する反応が薄い
- ■ 寝ているときに起こしても反応が薄い
- ■ 突然吠《ほ》え始める
- ■ 動くものを目で追わなくなった

見た目

- ■ 皮膚にハリがない
- ■ 立ち・座りの動作に時間がかかる
- ■ 眼球が白く濁っている
- ■ 筋肉が減り、体重が減少した
- ■ 後ろ足が上がらずトボトボと歩く
- ■ 姿勢が悪く、頭が下がったり背中が落ちている

気を付けたい病気

老化に伴って
発症のリスクが高まる
病気にはとくに
注意しましょう。

歯周病

歯を支える歯周組織が歯垢の中の細菌に感染。歯肉が赤く腫れたり出血したりして歯を支える土台（歯《し》槽《そう》骨《こつ》）が溶けてしまう病気です。進行すると歯と歯肉のあいだの歯周ポケットが深くなって歯がグラグラし始め、最終的には歯が抜けたり抜歯が必要になります。進行すると内臓疾患などを併発することもあります。

若いころからドライフードをよく噛んで食べさせるようにして、水もきちんと飲ませてください。よく噛むことであごや唾液腺が発達し、唾液によって歯がきれいになります。日々の歯みがきも非常に大切です。

➜詳しくはP106へ

免疫介在性 血小板減少症

免疫システムに異常が起きて、血液中の血小板が破壊される病気。血小板が減少すると止血がしっかりできなくなって出血を起こしやすくなり、体のあちこちに内出血による青あざ（紫斑）が見られるようになります。口の中の粘膜でも、内出血で赤くなっている場所が見つかることがあります。

異常に働いている免疫反応を投薬で抑え、血小板の破壊を食い止めます。長期にわたる治療が必要になることが多く、重症化すると入院が必要な場合もあります。発症したら悪化を防ぐためにも、ケガをしないように注意してあげましょう。

➜詳しくはP109へ

甲状腺 機能低下症

免疫細胞が甲状腺の細胞を攻撃することで起こる病気です。甲状腺が萎縮してホルモンが出にくくなったり、ほかのホルモン異常や病気に併発する形で発症するケースもあります。毛が薄くなる、皮膚のハリがなくなる、寒がりになる、全般的に元気がなくなって老化したように見えるといった症状が現れます。

治療では、体内で不足した甲状腺ホルモンを投薬で補います。表情が明るくなり活動的になりますが、投薬は一生続けなければなりません。

膝蓋骨脱臼

膝関節のお皿の骨が正常な位置からずれて、痛みを感じたり足が曲がる病気です。進行するとスキップのような歩き方をしたり、足を上げて歩くことも。重症化すると膝関節が変形し、ほかの関節にも悪影響を及ぼすことがあるので要注意。放置すると成長に伴って後ろ足の変形が進んでしまうので、早めに外科手術を受けるのがおすすめです。

➜詳しくはP91へ

僧帽弁 閉鎖不全症

左心房と左心室を隔てる僧帽弁の働きが悪くなり、血液の逆流が起こる心臓病。基本的に初期は無症状で、咳や聴診時の心雑音で発覚することがほとんどです。進行すると突然座り込んだり倒れたりしてしまいます。

投薬と体重管理や食事療法などのケアを行い、症状の進行を食い止めます。また、外科手術という選択肢もあります。

➜詳しくはP94へ

ホームケアのコツ

シニア犬のケアには、
できるだけ負担をかけない
ような工夫が必要です。

ブラッシング

日ごろから、こまめに脇や内股など毛玉のできやすいところを中心にとかします。解きにくい毛玉があれば、無理に引っ張らずハサミでカットしましょう。ブラッシングは毛並みを整えるだけでなく、血流を良くする効果もあります。

被毛

目や口、肛門、陰部周りの汚れやすい部分は、短くカットしておくと衛生的でお手入れしやすくなります。ケガをさせないように、皮膚をしっかり確認しながらカットしましょう。サマーカットは、毛を短くしすぎると日焼けを起こしてしまう可能性もあるので注意。

シャンプー

シャンプーが目や口に入らないよう注意してください。嫌がるようなら、顔や汚れやすいところを濡れタオルか湿らせたガーゼでやさしくふきましょう。水が苦手で緊張してしまう場合は無理をせず、ドライシャンプーや沐浴でOK。

爪

爪が伸びるとフローリングなどで滑ってしまい、足先や膝、腰などに負担がかかります。爪とともに中を通る血管も伸びているので、出血しないよう注意しながら切りましょう。爪が伸びたまま放置すると、犬も飼い主さんも思わぬケガにつながることもあるので、こまめに切ってあげましょう。

マルチーズとのしあわせな暮らし

+αのコツ

マルを美しく撮るカメラ術

愛犬のかわいい瞬間、とっておきの表情を写真に残すとき、最も重要となるのはシャッターを押す飼い主さんのテクニック。マルチーズ撮影に役立つカメラ術をご紹介します。

白トビさせない基本のワザ

マルの撮影で最も多い「白トビ」の悩みを解決します。

マルチーズのように全体が白い被写体の場合、露出をプラス補正して白トビ（撮影した画像の明るい部分が真っ白に写る状態）に注意して撮影するのが一般的です。しかし、部分的な白トビが発生することも……。あえて露出をマイナス補正して撮影するという方法で、白トビを防ぎましょう。

Check!

カメラ撮影の基礎用語

アンダー	カメラに取り込む光が足りずに写真が暗くなること
オーバー	カメラに取り込む光が多すぎて、必要以上に写真が明るくなること
絞り	レンズを通る光の量を調節する部分。絞りの値（＝F値）が小さいほど光を多く取り込める
デジタル一眼カメラ	オート機能が充実し、レンズが交換できるカメラ。高画質な写真が撮れることも特徴
ミラーレスカメラ	内部に反射鏡がないぶん、小型化・軽量化されたカメラ
ノイズ	高感度で撮影したり、長い時間露出光で撮影した際に発生する写真のザラつきのこと
WB	ホワイトバランスのこと。光の色に左右されずに白いものを白く写すための機能
レフ板	影になった部分に光を反射させて当てる板。一般的には白か銀色のものを使うことが多い
露出	カメラにどれくらい光が取り込まれるかを表す言葉。写真そのものの明るさを指すことも
露出補正	光の量を調整すること。明るくする場合はプラス補正、暗くしたい場合はマイナス補正をする
AF	「Auto Focus」の略。カメラが自動でピントを合わせる機能のこと
ISO感度	感度を表す国際標準規格。高感度ほど暗い場所で撮影できるが、画質が低下する

基本1

背景には濃い色を入れる

デジタルカメラのオートモードで撮影する際、多くの場合はカメラのモニター画面を細かく区切り、最も明るい部分と暗い部分を参考に平均的な明るさを測る「マルチ測光」が採用されています。白い犬を撮るときは背景に白いもの（壁やカーテンなど）があると明るい部分が多くなり、犬と背景が同化してしまうので、グリーンや濃い色の家具などを写り込ませましょう。

基本2

発光禁止モードを使う

内蔵フラッシュを搭載しているカメラの場合、意図せずにフラッシュが発光することがあります。その場の光源（太陽光や部屋の蛍光灯など）を利用して撮影したい場合は、フラッシュモードをオフにしてみましょう。目が赤くなる現象（赤目）も防げます。フラッシュに驚いてしまう犬にもこの方法は有効です。

基本3

ホワイトバランスを調整

私たちの身の回りには太陽や電球などさまざまな光源があります。光源の色によっては写真を撮ると赤っぽかったり、黄色っぽかったりとその違いがはっきりと現れます。撮影日の天気や状況に合わせてホワイトバランス（WB）を調節してください。

シャープに写したいところをタッチして明るさを調節

スマートフォン編

スマートフォンのカメラは、指でタッチしたところに焦点が合うように作られています。焦点が合ったどころが明るくなるので、何をメインに撮影したいかを決めておきましょう。

犬の顔をタッチしてピントが合った状態。背景は暗くなるものの、メインの犬の表情がはっきりとわかる明るさに。

背景にピントが合い、写真の中心となる犬がピンボケ気味になっています。

基本4

適正露出を探る

晴天で光の反射率が高いと白トビしてしまうことも。白トビ部分はデータが一切ない状態なので、後から画像補正をすることができません。こまめに液晶モニターで確認し、段階的にマイナス補正を試してみましょう。

屋外での撮影

色合いがきれいな写真を
撮影するコツを
紹介します。

露出を低めに

露出を少し下げることで、額の白トビを解消。顔の輪郭がしっかりとわかるようになっています。

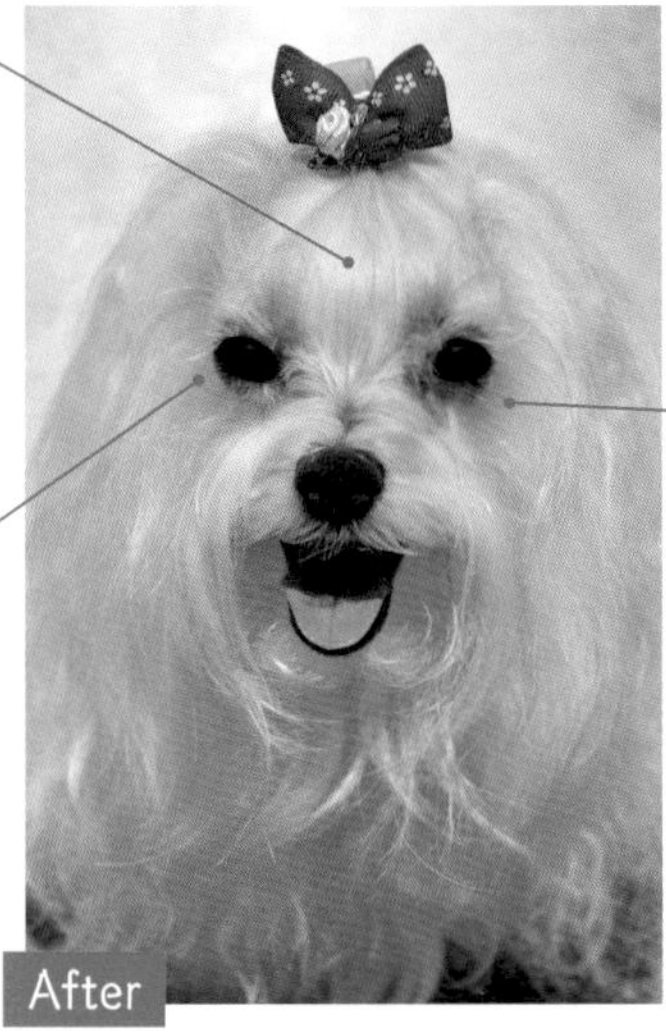
After

光の位置をCHECK!

太陽の位置を確認し、犬に直射日光が当たらないようにしました。

撮影モード：オート
露出：-0.7
ISO：400
WB：オート
CAMERA DATA

Before

ハイアングルにチャレンジ!

ハイアングルで撮影して、犬を上から見下ろすように撮影すると、くりっとした目が印象的に写せます。事前にピントを合わせてから名前を呼ぶと、シャッターチャンスを逃しません。

After

白トビ部分に合わせた露出設定

日陰で撮影した場合でも、状況によっては反射率が高くなり、白トビすることが。太陽の位置によって直射日光が当たることもあるので注意しつつ、露出補正をマイナスに設定しました。

犬目線のポジションで

犬と同じ目線から撮影して、いきいきとした表情をキャッチします。

撮影モード：マニュアル
露出：-0.3
ISO：600
WB：オート
CAMERA DATA

Before

犬と同化しない背景選び

背景を白以外のものにして、白い被毛と同化するのを防ぎました。また、逆光で撮影することでやわらかい毛並みを表現しています。

Before

自然体の明るさに

しっかりと犬の輪郭が見えるまで露出を下げて、よりナチュラルな雰囲気が出るようにしています。

撮影モード：オート
露出：-0.7
ISO：400
WB：オート

CAMERA DATA

After

屋内での撮影

家の中でリラックスした表情を記録しましょう。

状況に応じた露出補正を

家の中では、露出をプラスに補正するのも手です。被毛の流れなどディテールを出したいときは、マイナス補正するのもOK!

Before

After

影の部分も明るく

写真左側にある窓から太陽光が差すため、右側がとくに暗くなってしまいます。右側にあたる室内の照明を明るくし、光のムラをなくして撮影します。

撮影モード：オート
露出：＋0.7
ISO：600
WB：オート

CAMERA DATA

色味を考慮して、よりシャープに

After

濃い色のソファーを背景に選び、写真全体のカラーバランスを調整。犬との境界線がはっきりして、表情もシャープな印象に。

撮影モード：オート
露出：0
ISO：400
WB：オート ※発光禁止モード

CAMERA DATA

Before

フラッシュはオフ!

フラッシュ光は強いので白トビの原因に。フラッシュが自動で発光して白トビするようなら、発光禁止モードに設定します。被毛が自然な白に見えるよう、室内の照明を明るくして撮影すると〇。

special thanks to

Dog Salon La Vierge (P78～79)
GREEN DOG (P80)
Funky D (P81)
DOGGIE BARBER (P82～83)
Figoo (P84)
Funky D Plus (P85)

【監修・執筆・指導】

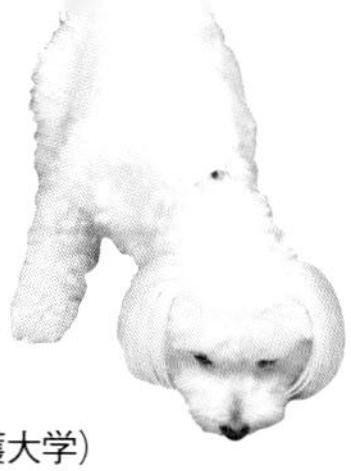

PART 1

福山貴昭（ヤマザキ動物看護大学）
高橋宏美（エッフェルゼントバンビ）

PART 2

高橋宏美
Wonderful Dogs

PART 3

奥谷友紀（DOGSHIP）
長谷川成志（㈱Animal Life Solutions）

PART 4

吉田大祐（ファニーテール）
浅原美由紀（dog-groomer MIYU）
関根和子（学校法人シモゾノ学園大宮国際動物専門学校）
藤田桂一（フジタ動物病院）
石野孝（かまくらげんき動物病院）
GREEN DOG

PART 5

枝村一弥（日本大学）
青木卓磨（麻布大学）
梅田裕祥（横浜どうぶつ眼科）
船津敏弘（動物環境科学研究所）
奈良なぎさ（ペットベッツ栄養相談）
油木真砂子（FRANCESCA Care Partner）

PART 6

若山正之（若山動物病院）

+α

岩﨑 昌

0歳からシニアまで
マルチーズとのしあわせな暮らし方

Midori Shobo Co.,Ltd

2020年6月1日　第1刷発行©

編　者	Wan編集部
発行者	森田 猛
発行所	株式会社緑書房
	〒103-0004 東京都中央区東日本橋3丁目4番14号 TEL 03-6833-0560 http://www.pet-honpo.com/
印刷所	廣済堂

落丁・乱丁本は弊社送料負担にてお取り替えいたします。
ISBN 978-4-89531-426-8
Printed in Japan

編集	川田央恵、長谷川和之、山田莉星
カバー写真	小野智光
本文写真	岩﨑 昌、小野智光、蜂巣文香、藤田りか子
カバー・本文デザイン	三橋理恵子（quomodoDESIGN）
イラスト	石崎伸子、カミヤマリコ、加藤友佳子 くどうのぞみ、ヨギトモコ